Sonderabdruck aus: Johannes Tropfke, Geschichte der Elementarmathematik,
4. Auflage. Bd 1, Arithmetik und Algebra.
Vollständig neu bearbeitet von Kurt Vogel, Karin Reich, Helmuth Gericke.
Berlin, New York, Walter de Gruyter 1980. (ISBN 3-11-004893-0). Seite 661–725.

Bibliographie

zur Geschichte der Elementarmathematik

Mit biographischen Angaben zu den Autoren der Primärliteratur

München

Forschungsinstitut des Deutschen Museums für die
Geschichte der Naturwissenschaften und der Technik

1979

Bearbeitet von Margret Nida-Rümelin

Zusätzliche Abkürzungen aus dem Gesamtwerk, die auch im Literaturverzeichnis verwendet wurden:

Cgm	Codex germanus Monacensis
Clm	Codex latinus Monacensis
Cod. Par. supplgr.	Codex Parisinus supplementum graecum
Cod. Cambridge Un. Lib. Ms	Codex Cambridge University Library Manuscripts

Literaturverzeichnis
mit biographischen Angaben zu den Verfassern

Anmerkungen

Die Verfasser stehen im allgemeinen unter ihrer gebräuchlichsten Namensform; abweichende Formen, auch der wirkliche Name eines Pseudonyms oder der vollständige Name eines arabischen Autors, sind dahinter vermerkt.

Die Titel stimmen nur bis zum Ende des Sachtitels (Kursivschrift Ende) *mit der Vorlage wörtlich überein*; dabei ist die Schreibweise möglichst übernommen worden, jedoch erfolgte die Groß- und Kleinschreibung in modernen, auch englischen Titeln, nach grammatikalischen Gesichtspunkten. Nicht aus der Veröffentlichung entnommene Ergänzungen zum Sachtitel, wie die deutsche Übersetzung eines russischen oder arabischen Titels, stehen in eckigen Klammern dahinter. *Zusätze zum Sachtitel auf dem Titelblatt sind möglichst kurz*, auch bei fremdländischen Titeln *in deutscher Sprache, zusammengefaßt.*

Russische und arabische Titel sind transkribiert (arabische nach Sezgin), griechische übernommen worden.

„*Ed. (ed.)*" mit Personennamen steht *auch für Herausgeber*, also nicht nur bei Editionen.

Die *Bandzahl* ist immer mit arabischen Ziffern angegeben. Bei Buchtiteln steht „Bd" auch für Volume, Tom(e), Teil (nur in unklaren Fällen ist auch „T." verwendet). Bei Zeitschriften und Serien sind die Bezeichnungen für Jahrgang, Band, Heft usw. grundsätzlich weggelassen.

Erscheinungsorte sind, wenn möglich, *in deutscher Form* angegeben.

Seitenangaben stehen am Ende nach einem Komma, immer ohne „S." (Seite).

Ist ein Titel innerhalb einer *gezählten Serie* erschienen, ist diese nach dem Erscheinungsvermerk notiert, z.B. (= Studienhefte z. Altertumswiss. 3.).

Nach dem Titel eines Zeitschriftenaufsatzes folgt der Titel der *Zeitschrift* hinter einem Punkt (ohne „in:"). Abkürzungen s. unten.

Der *Erscheinungsvermerk einer nicht benutzten Ausgabe* (oft Erstausgabe) steht in runden Klammern; der zitierte Titel gehört also zu dem Erscheinungsvermerk ohne Klammer.

Codices (s. dort) sind nach dem Alphabet des Aufbewahrungsortes geordnet.

Beispiele zur Auflösung von Kurzhinweisen:

s. Jacobi [4]	=	siehe Titel 4 von Jacobi (aber: wäre bei Jacobi nur ein Titel verzeichnet, wäre die Seite 4 von diesem Titel gemeint);
vgl. Sarton [2; 3, 163]	=	vergleiche bei Sarton, Titel 2, Bd 3, S. 163;
s. Kaunzner [1; 24f.] und [2; 1–10]	=	siehe unter Kaunzner, Titel 1, S. 24–25 und Titel 2, S. 1–10;
in [1; 3. 1899, 488–490]	=	das voranstehende Werk ist abgedruckt im Titel 1 desselben Verfassers (meist Gesammelte Werke), Bd 3, ersch. 1899, S. 488–490.

Abkürzungen in Zeitschriften- und Serientiteln:

Abh.	Abhandlung(en)	J. (j.)	Journal
Arch.	Archiv (e, es)	Mém. (mém.)	Mémoire(s)
Bibl.	Bibliotheca (Bibl. math. = Bibliotheca mathematica)	Mitt.	Mitteilung(en)
		Mon. (mon.)	Monthly
Bull.	Bulletin	Proc. (proc.)	Proceedings
Comm.	Commentarii	Trans. (trans.)	Transactions

Sonstige Abkürzungen sind aus dem Zusammenhang ablesbar.

Abbo von Fleury
* 945 bei Orléans; † 1004 Gascogne. Abt des Klosters Fleury; Lehrer von Gerbert.
Excerpta ex Abbonis scolastici Floriacensis in calculum Victorii commentario, in Gerbert [2; 197–204].

ᶜAbd al-Raḥmān al-Ṣūfī
s. al-Ṣūfī.

Abel, Niels Henrik
* 1802 Findöe bei Christiansand; † 1829 Christiania (= Oslo). Norwegischer Mathematiker; lebte 1825–27 in Berlin u. Paris; war dann Dozent an der Universität Christiania. Ein Ruf an die Univ. Berlin erreichte ihn nicht mehr.
1. *Oeuvres complètes*. Ed. L. Sylow und S. Lie. Bd. 1.2. Oslo 1881.
2. *Beweis der Unmöglichkeit algebraische Gleichungen von höheren Graden als dem vierten allgemein aufzulösen*. J. reine u. angew. Math. 1 (1826) 65–84. Dt. Übers. von: Démonstration de l'impossibilité de la résolution algébrique des équations générales qui passent le quatrième degré, in [1; 1, 66–87].

Abenbéder
s. Ibn Badr.

Abraham
Hs. Anfang des 14. Jhs; Verf. nicht näher bekannt.
Liber augmenti et diminutionis, in: Libri [1; 1, 304–376].
s. Tannery [5].

Abraham bar Ḥijja (Savasorda)
† 1136. Jüdischer Mathematiker u. Astronom in Barcelona.
Der Liber Embadorum des Savasorda in d. Übers. des Plato von Tivoli. Ed. M. Curtze. Abh. Gesch. Math. 12 (1902) 1–183.

Abraham ben Ezra (ben Meir; ibn Esra)
* um 1090 Toledo; † um 1167 Alahorra/Spanien. Spanisch-jüdischer Philosoph u. Astrologe; Übers. aus dem Arabischen ins Hebräische.
Sefer ha-mispar. Das Buch der Zahl. Hebr. u. dt., ed. M. Silberberg. Frankfurt a.M. 1895.
s. Steinschneider [1].

Abū al-Ǧūd (Abū al-Ǧūd Muḥammad ibn al-Laiṯ)
Arabischer Mathematiker um 1000; Zeitgenosse al-Bīrūnīs.

Abū al-Wafā ' (Muḥammad ibn Muḥammad ibn Yaḥyā al-Būzaǧānī)
* 940 Būzaǧān (jetzt im Iran); † 997 (998) Bagdad. Astronom und Mathematiker in Bagdad; wahrscheinlich persischer Abstammung.
s. Medovoj; Saidan [3]; Suter [7].

Abū Ǧaᶜfar al-Ḫāzin
Aus Ḫurāsān; wirkte in der ersten Hälfte des 10. Jhs.

Abū Kāmil (Abū Kāmil Šuǧāᶜ ibn Aslam al-Miṣrī)
Ägyptischer Mathematiker um 850–930.
1. *The algebra of Abū Kāmil „Kitāb fī al-jābr wa'l-muqābala"*, Komm. Mordecai Finzi. Hebr. Text u. engl. Übers., ed. M. Levey. Madison [usw.] 1966.
2. *The algebra of Abu Kamil Shojaᶜ ben Aslam*. Ed. L. C. Karpinski. Ausz. einer ma. lat. Übers. mit Komm. Bibl. math. (3) 12 (1911/12) 40–55.
3. *Das Buch der Seltenheiten der Rechenkunst von Abū Kāmil el-Miṣrī*. Deutsche Übers. u. Komm., ed. H. Suter. Bibl. math. (3) 11 (1910/11) 100–120.

Abū Manṣūr (Abū Manṣūr ᶜAbd al-Qāhir ibn Ṭāhir ibn Muḥammad al-Baǧdādī)
† 1037 Isfarāyin in Ḫurāsān. Historiker, Philosoph, Theologe, Mathematiker; gehörte zur Šāfiᶜiten-Schule.
Al-takmila fī ᶜilm al-ḥisāb [Buch der Vollendung im Rechnen], Inhaltsangabe in: Saidan [2; 76–85] und Uqlīdisī [2; 23–28].

Abū Naṣr (Abū Naṣr Manṣūr ibn ᶜAlī ibn ᶜIrāq)
Lebte um 1000; Lehrer von al-Bīrūnī.

Abū Sahl al-Kūhī
s. Waiǧan ibn Rustam al-Kūhī.

Achmedov, S. A.
s. al-Ṭūsī, Nāṣir al-Dīn [1].

Adam, Charles
s. Descartes [1].

Adam, Jehan
Sekretär eines Staatsbeamten von König Ludwig XI. von Frankreich (Regierungszeit: 1461–1483).
The arithmetic of Jehan Adam, a. D. 1475, in: Thorndike [151–160].

Adelard von Bath
* in Bath; wirkte von 1116–1142. Englischer Philosoph, Mathematiker u. Astronom; arbeitete vorwiegend in Italien u. Spanien; übersetzte vor allem arab. wissenschaftliche Werke ins Lateinische, z.B. al-Ḫwārizmīs astronomische Tafeln (s. [6], [7]) und vielleicht auch dessen Schrift über das Rechnen mit indischen Ziffern (Algorismusschrift, A-Texte).

Agostino, Amedeo
Un codice di aritmetica anonimo del sec. XV. Bolletino dell'Unione Mat. Ital. (3) 6 (1951) 231–240.

Agricola, Georgius (Bauer, Georg)
* 1494 Glaugau; † 1555 Chemnitz. Humanist; Arzt und Mineraloge.
Schriften über Maße und Gewichte. Berlin 1959. = Ausgew. Werke. Bd 5.

Aḥmad, Salah
s. Salah Aḥmad.
Aḥmad ibn Yūsuf (Aḥmad ibn Yūsuf ibn Ibrāhīm ibn al-Dāya al Miṣrī; Ametus Filius Iosephi)
* vor 839 Bagdad [?]; † ca 912/13 Kairo. Mathematiker; Privatsekretär der Tulun Familie, die 868–905 Ägypten regierte.
s. Schrader.
Ahmes
s. Papyrus Rhind.
Ahn, F.
Vorsteher einer Erziehungsanstalt.
Manuel de la correspondance commerciale. Aachen u. Leipzig 1838. (= Vollst. kaufm. Bibl. 3 u. 4. Corresp. commerciale.)
Ahrens, Wilhelm
Mathematische Unterhaltungen und Spiele. Leipzig. Bd 1, 3. Aufl. 1921; Bd 2, 2. Aufl. 1918.
Albert
Abt in Stade; verfaßte um 1240 die „Annales Stadenses" (vgl. Folkerts [2; 63, Fn. 20]).
Annales Stadenses, in: Monumenta Germ. hist. Script. Bd 16. Hannover 1859, 332–335.
Albert von Sachsen
* ca. 1316 Helmstedt; † 1390 Halberstadt. Philosoph; studierte in Paris; Rektor der Univ. Paris, erster Rektor der Univ. Wien, Bischof von Halberstadt.
Questiones Subtilissime Alberti de Saxionia in Libros de coelo et mundo. Venedig 1492 u. 1516.
Alberti, Hans Joachim von
Maß und Gewicht. Geschichtliche und tabellarische Darstellungen von den Anfängen bis zur Gegenwart. Berlin 1957.
Albinus
s. Alcuin.
Albrecht, Michael von
s. Iamblichos von Chalkis [2].
Alcuin (Flaccus Albinus)
* um 735 York; † 804 Tours.
Ab 782 Beauftragter Karls d. Großen für das Erziehungswesen; dann Abt in Tours. Ihm wird zugeschrieben: *Propositiones ad acuendos juvenes,* in: Migne, Patrologiae Lat. Bd 150, Sp. 1143–1160.
s. Folkerts [4].
Alembert, Jean le Rond d'
* 1717 Paris; † 1783 Paris. Franz. Philosoph, Mathematiker u. Literat; gab gemeinsam mit Diderot die „Encyclopédie" heraus.
Recherches sur le calcul intégral. Histoire Acad. R. Sc. Berlin. (1746) 1748, 182–224.
s. Encyclopédie.
Alexander von Aphrodisias
Tätig in Athen um 200 n. Chr.; peripatetischer Philosoph; Leiter der Akademie.
In Aristotelis topicorum libros commentarius. Ed. M. Wallies. Berlin 1891.
Alexander von Villa Dei (Alexandre de Villedieu)
† um 1240. Französischer Franziskaner; Mathematiker und Grammatiker.
Carmen de algorismo, in: Steele [72–80].
Alexander, Andreas
* um 1475 Regensburg; † nach 1504.
Gilt als Übersetzer u. Kommentator einer lateinischen Algebra des „Initius Algebras".
Algebras
s. Initius Algebras.
Algorismus Ratisbonensis [AR]
Vor 1450 im Benediktinerkloster St. Emmeram zu Regensburg entstanden; Text vollständig in lat. Sprache von einem bisher unbekannten Autor; als Original wohl Cod. Florianus XI. 619 (Text F) anzusehen; Text wie dort im Clm 14783 (Text A); Überlieferung zeigt die weite Verbreitung.
s. Vogel [11]; Zimmermann [2].
Alhazen
s. Ibn al-Haiṯam.
Allard, André
1. *Les procédés de multiplication des nombres entiers dans le calcul indien à Byzance.* Bull. Inst. Historique Belge de Rome. 43 (1973) 107–144.
2. *Les plus anciennes versions latines du 12e siècle issues de l'arithmétique d'al-Khwārizmī.* Löwen 1975. [Maschinenschr.-Druck e. erw. Fassung in Vorb.]
3. *Le petit traité d'Isaac Argyre sur la racine carrée.* Centaurus. 22 (1978) 1–43.
4. *A propos d'un algorisme latin de Frankenthal: une méthode de recherche.* Janus. 65 (1978) 119–141.
5. *Le premier traité byzantin de calcul indien.* Revue d'histoire des textes. 7 (1977) 57–107.
s. Maximos Planudes [3].
Alsted, Johann Heinrich
* 1588 Ballersbach bei Herborn; † 1638 Weissenburg/Siebenbürgen. Prof. der Philosophie und Theologie in Herborn, dann in Weissenburg.
Elementale mathematicum. Frankfurt 1611.
Ambrosius von Mailand
* um 333 oder 340 Trier; † 397 Mailand. Lat. Kirchenvater; Bischof von Mailand; Heiliger.
Ametus
s. Schrader.
Amir-Moéz, Ali R.
s. al-Ḫayyām [4].

^{c}Anābī (Šālōm ben Yōsēf ^{c}Anābī)
Wirkte im 15. Jh. in Konstantinopel als Übersetzer arabischer Texte ins Hebräische.

Ananias (Anania Schirakazi)
† ca 670. Armenischer Astronom u. Mathematiker.
Des Anania v. Schirak Arithmetische Aufgaben. Übers. v. P. Sahak Kokian. Z. f. d. dt.-österr. Gymnas. 1919, 112–117.

Anaritius
s. al-Nayrīzī.

Anbouba, Adel
s. al-Karaǧī [2].

Anderson, Alexander
* 1582; † 1620 [?]. Gab mehrere Werke von Viète heraus, s. [6], [10].

Annales Stadenses
s. Albert.

Anthologia Graeca
Sammlung von Epigrammen teilweise arithmetischen Inhalts (s. Metrodorus); einige stammen aus dem 3./4. Jh., einige können bis Plato und sogar bis ins 5. Jh. v. Chr. zurückverfolgt werden. Wir zitieren die Epigramme nach ihren Nummern, z.B. [XIV, 123] = Buch XIV, Nr 123.
1. *The Greek anthology.* Mit engl. Übers. von W. R. Paton (5 Bde). Bd 5. Cambridge/Mass. 1960.
2. *Anthologia Graeca.* (4 Bde). Buch XII–XVI [= Bd 4]. Griech. u. dt. Ed. H. Beckby. 2. Aufl. München [1967].
Arithmetische Epigramme, Auswahl griech. in: Diophant [1; 2, 43–72], dt. in: Diophant [3; 330–344].

Anthologia Latina
Anthologia Latina sive poesis Latinae supplementum. Ed. A. Riese. Bd 1.2. Leipzig 1869–1870.

Antonio de Mazzinghi da Peretola
Florentiner Rechenmeister im 14. Jh.; Schüler von Paolo Dagomari; starb im Alter von 30 Jahren. (Vgl. Sarton [2; 3, 639].)
s. Arrighi [1].

Āpastamba-Śulba-Sūtra
Vermutl. nach 500 v. Chr. (vgl. Sarton [2; 2_1 74]).
Das Āpastamba-Śulba-Sūtra. Dt. Übers. von A. Bürk. Z. d. Dt. Morgenländischen Ges. 56 (1902) 327–391.

Apian, Peter (Apianus, Petrus; Bienewitz oder **Bennewitz)**
* 1495 Leipzig; † 1552 Ingolstadt. Astronom und Geograph; Prof. der Mathematik an der Univ. Ingolstadt.
Eyn Newe Vnnd wolgegründte vnderweysung aller Kauffmannß Rechnung. Ingolstadt 1527.

Apollonios von Perge
* in Perge/Pamphylien. Griech. Mathematiker; wirkte in der zweiten Hälfte des 3. Jhs v. Chr. in Alexandria und Pergamon.
1. *Apollonii Pergaei quae Graece extant cum commentariis antiquis.* Ed. J. L. Heiberg. Bd 1.2. 1891–1893.
2. *Die Kegelschnitte des Apollonios.* Übers. von A. Czwalina. München u. Berlin 1926.

Apuleius
Wirkte im 2. Jh. n. Chr.; aus Madaura/Nordafrika; Schriftsteller; war in Rom als Anwalt, dann in seiner Heimat als Redner tätig.

AR
s. Algorismus Ratisbonensis.

^{c}Arafat, W.
s. al-Ḫayyām [2].

al-**Arbilī (Aḥmad ibn ^{c}Alī ibn ^{c}Umar ibn Ṣāliḥ al-Arbilī)**
Lebe im 12. Jh.
Al-kifāya fī al-ḥisāb. [Das, was zum Rechnen genügt. Arab.] Maǧallat ma^{c}had al-Maḫṭūṭāt [= Z. f. Handschriftenveröffentlichungen]. 13 (1967) 87–158.

Archimedes
* 287 [?] Syrakus; † 212 Syrakus. Mathematiker, Physiker und Ingenieur.
1. *Archimedis opera omnia cum commentariis Eutocii.* Ed. J. L. Heiberg. 2. Aufl. Bd 1–3. Leipzig 1910–1915. Nachdr. Stuttgart 1972.
2. *Archimedes Werke.* Übers. u.m. Anm. vers. von A. Czwalina. Im Anhang: Kreismessung, Übers. v. F. Rudio. Des Archimedes Methodenlehre von den mechanischen Lehrsätzen, übers. v. J. L. Heiberg u. komm. v. H. G. Zeuthen. [Neudr. aus Ostwald's Klassikern u.a.] Darmstadt 1963.
s. Dijksterhuis; Moody/Clagett; Sturm, Johann Chr. [1].

Archytas
Wirkte um 375 v. Chr. in Tarent. Staatsmann, Feldherr; pythagoreischer Philosoph und Mathematiker.

Arethas
* 860 n. Chr. in Patras; † nach 932. Erzbischof von Caesarea in Cappadocien; byzantinischer Humanist.

Argand, Jean Robert
* 1768 Genf; † 1822 Paris. Mathematiker.
Essai sur une manière de représenter les quantités imaginaires dans les constructions géométriques. (Paris 1806.) 2. Aufl., ed. G. J. Hoüel. Paris 1874.

Argyros, Isaak
* um 1310; † nach 1371. Schüler von Nikephoros Gregoras; lebte wahrscheinlich in Konstantinopel; hinterließ theologische und astronomische Schriften.

Aristarchos von Samos
* 310; † 230. Griechischer Astronom.
s. Heath [1].

Aristophanes
* um 445 v. Chr.; † um 385 v. Chr. Athen. Alt-attischer Komödiendichter.
Vespae. In: Comoediae. Bd 1. Ed. F. W. Hall, W. M. Geldart. Oxford 1970.

Aristoteles
* 384 v. Chr. Stagira/Mazedonien; † 322 v. Chr. Chalkis.
Aristotelis opera. Ed. I. Bekker. Bd 1–5. Berlin 1831–1870. Nachdr. Berlin 1960.
Für die benutzten Schriften verwenden wir die Abkürzungen:

An. pr.	Analytica priora
An. post.	Analytica posteriora
Cael.	De Caelo
Cat.	Categoriae
E. Nic.	Ethica Nicomachea
Mech.	Mechanica
Metaph.	Metaphysica
Phys.	Physica
Probl.	Problemata
Top.	Topica

Zitiert wird so: [Metaph. Δ 13–1020 a 7] bedeutet: Metaphysik Buch Δ Kap. 13 = S. 1020, Spalte a, Zeile 7 der Bekker-Ausgabe.

Arrighi, Gino
1. *M^o Antonio d'Mazzinghi. Trattato di fioretti, nella trascelta a cura di M^o Benedetto* [von 1463], secondo la lezione del Cod. L. IV. 21 (sec. XV) della Bibl. degl'Intronati di Siena. Pisa 1967. (= Testimonianze di storia della scienza. 4.)
2. *Due trattati di Paolo Gherardi matematico fiorentino*. I Codici Magliabechiani Cl. XI, nn 87 E 88 (prima metà del trecento) della Bibl. Naz. di Firenze. Atti Accad. Sc. Torino. 101 (1967) 61–82.
3. *Libro d'abaco. Dal Cod. 1754 (sec. XIV) della Bibl. Statale di Lucca*. Lucca 1973.
s. Calandri, F. [1]; Calandri, P. M.; Leonardo von Pisa [2]; Paolo Dagomari [1], [2]; Piero della Francesca.

Arthaśāstra
Handbuch der Staats- und Rechtskunde. Heute vorliegende Fassung stammt wohl aus dem 1./2. Jh. n. Chr. (dagegen Needham: 3. Jh. n. Chr. [3, 25, Fn. i]; Datta/Singh: 4. Jh. v. Chr. [DS; 1, 218]). Legendärer Verf.: Kauṭilya.

Āryabhaṭa I
* um 476. Indischer Mathematiker und Astronom; Verf. von „Āryabhaṭiya", geschr. 499.
1. *Āryabhaṭiya*, with the comm. Bhaṭadipikā of Paramādiçvara. Ed. H. Kern. [Sanskrit.] Leiden 1874.
2. *Āryabhaṭiya of Āryabhaṭācārya with the bhāṣya of Nīlakaṇṭhasomasutvan*. [Sanskrit.] Bd 1–3. Trivandrum 1930–1957. (Trivandrum Sanskrit series. 101.110.185.)
Bd 1. Gaṇitapāda. Ed. S. Śāstrī. 1930.
Bd 2. Kālakriyāpāda. Ed. S. Sastri. 1931.
Bd 3. Golapāda. Ed. S. K. Pillai. 1957.
3. *The Āryabhaṭiya of Āryabhaṭa. An ancient Indian work on mathematics and astronomy*. Engl. Übers. m. Anm. von W. E. Clark. Chicago 1930.
4. *Āryabhaṭiya critical edition series*. Bd 1–3. New Delhi 1976.
1. Āryabhaṭiya. Ed. K. Sh. Shukla, K. V. Sarma.
2. Āryabhaṭiya, with the commentary of Bhaskara I and Someśvara. Ed. K. Sh. Shukla.
3. Āryabhaṭiya, with the commentary of Suryadeva Yajvan. Ed. K. V. Sarma.
s. Elfering; Sen.
Im Text verwendete Abkürzungen:

Gi.	Gitikā
Gaṇ.	Gaṇita
Kāl.	Kāiakriya
Gol.	Golā

Die nachstehende Zahl gibt die Versnummer an.

Āryabhaṭa II
Wirkte zwischen 950 und 1100. Indischer Mathematiker und Astronom; Verf. von Mahāsiddhānta (oder Āryasiddhānta).
1. *Mahāsiddhānta*. Ed. u. komm. S. Dvivedi. Benares 1910. (= Benares Sanskrit series. 36.)
2. *The Pūrvagaṇita of Āryabhaṭa's (II) Mahāsiddhānta*. Übers. u. ed. S. R. Sarma. Part 1.2. Diss. Marburg/Lahn 1966.

Aśoka
Buddhistischer Herrscher von Indien; regierte 272 [?]–232 v. Chr.

Augustinus, Aurelius
* 354 Tagaste/Nordafr.; † 430 Hippo. Kirchenvater; wirkte in Italien u. Nordafrika.
Confessionum libri tredecim Sancti Augustini, in: Migne, Patrologiae Lat. Bd 32, Sp. 659–868..

Austen, Max
Das kanonische Zinsverbot. Theologie u. Glaube. 25 (1933) 441–455.

Averroës (Abū al-Walid Muḥammad ibn Aḥmad ibn Muḥammad ibn Rušd)
* 1126 Cordoba; † 1198 Marrakesch. Astronom, Philosoph, Mediziner; Aristoteles-Kommentator.

Azra, J. P.
s. Galois [2].

Bachet, Claude-Gaspard, Sieur de Méziriac
* 1581 Bourg-en-Bresse; † 1638 Bourg-en-Bresse. Franz. Mathematiker u. Humanist.
1. *Problèmes plaisans et délectables qui se font par les nombres.* Lyon (1612), 2. Aufl. 1624.
2. *Problèmes plaisants & délectables qui se font par les nombres.* 5. Aufl. Ed. J. Itard. Paris 1959.

Bachmann, Paul Gustav Heinrich
* 1837 Berlin; † 1920 Weimar. Prof. d. Mathematik an d. Univ. Münster.
Vorlesungen über die Natur der Irrationalzahlen. Leipzig 1892.

Bacon, Francis
* 1561 London; † 1626 London. Englischer Philosoph und Staatsmann.
De dignitate et augmentis scientiarum. (London 1623.) In: The works of Francis Bacon. Bd 4. London 1765, 17–255.

Badoer, Giacomo
* 1403 Venedig; † nach 1. Dez. 1445. Kaufmann und Politiker.
Il libro dei conti di Giacomo Badoer. (Constantinopoli 1436–1440.) Ed. U. Dorini u. T. Bertelè. Rom 1956. (= Il nuovo Ramusio. 3.)

Badr
s. Ibn Badr.

Baer, Reinhold
s. Steinitz.

Bag, Amulya Kumar
Binomial theorem in ancient India. Indian j. hist. sciences. 1 (1966) 68–74.

Bahā' al-Dīn (Bahā' al-Dīn Muḥammad ibn al-Ḥusain al-^{c}Amilī)
* 1547 Baalbek; † 1622 Isfahan.
Beha-eddin's Essenz der Rechenkunst, arab. u. dt. Ed. G. H. F. Nesselmann. Berlin 1843.

Baillet, Jules
s. Papyrus Aḫmīm.

Baker, Humphrey
* London. Wirkte von 1562–1587; schrieb über Arithmetik und Astrologie.
The well-spring of sciences. (London 1562.) 2. Aufl. London 1580. (Zit. nach Sanford [98].)

Bakhshālī (Bakhṣālī)-Manuskript
Ms. auf Birkenrinde, gefunden bei dem Dorf Bakhshāli in Nordwestindien. Ed. G. R. Kaye. Kalkutta 1927.
Zur Datierung S. 87: wahrsch. 12. Jh.; dagegen Datta/Singh [**1**, 61]: ca 200 n. Chr., Bose/Sen/Subbarayappa [51, 164/65]: 3./4. Jh.

Balbus
Römischer Feldmesser Anfang des 2. Jhs. n. Chr.; wirkte unter Trajan.
Liber de asse, in: Hultsch [1; **2**, 72–75]. Fälschlich Balbus zugeschrieben, jedoch erst nach 222 entstanden (vgl. Hultsch [1; **2**, 14–16]).

Bamberger Rechenbuch von 1482
s. Vogel [10].

Bamberger Rechenbuch von 1483
Von H. Petzensteiner 1483 in Bamberg gedruckt. München 1966. Der Verfasser ist vielleicht Ulrich Wagner, Lehrer der Arithmetik in Nürnberg (vgl. Nachwort, 2. Seite). [Die nicht vorh. Blattzählung wurde hs. ergänzt!]

Banerji, H. Ch.
s. Bhāskara II [1].

al-Bannā' (Abū al-^{c}Abbās Aḥmad ibn Muḥammad ibn ^{c}Uṯmān al-Azdī ibn al-Bannā')
* 1256 Marakesch; † 1321 Marakesch. Marokkanischer Astronom u. Mathematiker.
1. *Le Talkhys d'ibn Albannā.* Übers. ins Franz. von A. Marre. Rom 1865.
2. *Talkhīṣ a^{c}māl al-ḥisāb.* Ed. und ins Franz. übers. von M. Souissi. Tunis 1969.

Banū Mūsā, Muḥammad, Aḥmad, Ḥasan; Söhne des Mūsā ibn Šākir; wirkten in Bagdad in der ersten Hälfte des 9. Jhs. Arabische Mathematiker und Astronomen.
s. Suter [4].

Barlaam, Bernardo
* um 1290 Seminara, Calabria; † nach 1348. Byzantinischer Mönch vom Orden des Heiligen Basilius; zuletzt Bischof von Gerace in Kalabrien.
Logistica. Ed. J. Chamber. Paris 1600. a. lat. Übers. b. griech. Text.

Barnard, Francis Pierrepont
The casting-counter and the counting-board. Oxford 1916.

Bartholinus, Erasmus (Bartholin, Rasmus; Berthelsen)
* 1625 Roeskilde/Dänemark; † 1698 Kopenhagen. Mathematiker u. Mediziner.
s. Descartes [4 b].

Bartsch, Jakob
* 1600 Lauban; † 26. 12. 1633 Lauban. Prof. der Mathematik in Straßburg; Schwiegersohn Keplers; half Kepler bei der Berechnung der Ephemeriden und Logarithmentafel.
Tabulae manuales logarithmicae ad calculum astronomicum . . . utiles. Sagan 1631. Straßburg 1700.

Bašmakova, I. G.
s. Diophant [4].

Bassermann-Jordan, Ernst von
Uhren. 4. Aufl., bearb. von H. von Bertele. Braunschweig 1961.
s. Borchardt.

Bastian, Franz
Das Runtingerbuch 1383–1407. Bd 1–3. Regensburg 1935–1944. (= Dt. Handelsakten d. Mittelalters u. d. Neuzeit. 6–8.)

Bauer, Gustav
* 1820 Augsburg; † 1906 München. Prof. der Mathematik an der Univ. München.
Vorlesungen über Algebra. Hrsg. v. Mathematischen Verein München. Leipzig 1903.

Beaugrand, Jean de
* ca. 1595 Paris [?]; † 1640 Paris [?]. Französischer Mathematiker; edierte 1631 die „Notae priores" von Viète, [5].

Beaujouan, Guy
Étude paléographique sur la "rotation" des chiffres et l'emploi des apices du Xe au XIIe siécle. Revue d'hist. sciences. 1 (1948) 301–313.

Beaune, Florimond de
* 1601 Blois; † 1652 Blois. Rat am Gerichtshof zu Blois; Kommentator der Geometrie Descartes; beschäftigte sich mit dem Bau von astronomischen Instrumenten.
s. Descartes [4 a].

Becker, Oskar
1. *Die Lehre vom Geraden und Ungeraden im Neunten Buch der Euklidischen Elemente.* Quellen u. Studien Gesch. Math. Astr. Phys. Abt. B. 3 (1936) 533–553.
2. *Das mathematische Denken der Antike.* Göttingen 1957. (= Studienh. z. Altertumswiss. 3.)
3. *Die Bedeutung des Wertes $3\frac{1}{8}$ für π in der babylonischen Mathematik.* Praxis Math. 3 (1961) 58–62.
4. *Grundlagen der Mathematik in geschichtlicher Entwicklung.* Freiburg, München (1954), 2. Aufl. 1964.
s. Fritz.

Beckerath, Jürgen von
Abriß der Geschichte des alten Ägypten. München. Wien 1971.

Beda (Baeda Venerabilis)
* ca. 673 in oder bei Jarrow-on-Tyne; † 735 Jarrow-on-Tyne/Grafschaft Durham. Englischer Historiker, Naturwissenschaftler u. Theologe; Benediktiner.
1. *Bedae opera de temporibus.* Ed. Ch.W. Jones. Cambridge/Mass. 1943.
Ihm wird zugeschrieben:
2. *De arithmeticis propositionibus.* Köln (1612) 1688. [Vgl. Folkerts [2; 59].]

Beeckman (Beekman), Isaac
* 1588 Middelburg; † 1637 Dordrecht. Physiker; seit 1627 Rektor der Lateinschule in Dordrecht, wo Descartes ihn besuchte.

Behā – eddīn
s. Bahā' al-Din.

Behr, Benjamin
s. Ursinus.

Bekker, Immanuel
s. Aristoteles; Suda.

Beldomandi, Prosdocimo de (Beldemandis, Beldemando, Beldimando)
* zwischen 1370 u. 1380 Padua; † 1428 Padua. Mathematiker u. Astronom.
1. *Algorismus. Prosdocimi de beldamandis vna cum minuciis. Johannis de liveriis* [Lineriis]. Padua 1483.
2. *Algorismvs de integris magistri Prosdocimi Debeldamandis Pataui simul cum algorismo de deminutijs seu fractionibus magistri Ioannis de Linerij.* Ed. F. Delfino. Venedig 1540.

Benedetto
s. Arrighi [1].

Berezkina, E. I.
s. Chang Ch'iu-chien; Chiu Chang Suan Shu [1], [2]; Sun Tzu.

Berg, Jan
s. Bolzano [4].

Berlet, Bruno
s. Ries [1].

Bernelius
Wirkte um 1020 in Paris. Mathematiker; Schüler von Gerbert.
Liber abaci, in: Gerbert [1; 357–400].

Bernhard
Hildesheimer Stiftsschüler; Schreiber von: „Hildesheimer Rechenbuch" (Clevischer Algorithmus); um 1445.
Das älteste deutsche Rechenbuch. Übers. u. ed. von F. Unger. Z. Math. Phys. 33 (1888) 125–145.

Bernoulli, Daniel
* 1700 Groningen; † 1782 Basel. Sohn von Johann I B., der ihn in Mathematik unterwies; studierte Philosophie und Logik, dann Medizin; nach längerem Aufenthalt in Petersburg, wo er mathematische und physikalische Untersuchungen ausarbeitete, 1732 Prof. der Anatomie und Botanik, später der Physik, in Basel.
Observationes de seriebus recurrentibus. Comm. Acad. Sc. Petrop. 3 (1728) 85–100.

Bernoulli, Jakob I
* 1654 Basel; † 1705 Basel. Studierte Theologie; lehrte in Genf; hielt ab 1683 Vorlesungen über Experimentalphysik und Mechanik in Basel; Korrespondent von Leibniz, dessen Differential- und Integralrechnung er verteidigte und weiterführte. Seine „Ars conjectandi" gilt als eines der grundlegenden Werke der Wahrscheinlichkeitstheorie.

Bernoulli, Johann I
* 1667 Basel; † 1748 Basel. Bruder und Schüler Jakob Bernoullis; studierte Medizin. Briefpartner von Huygens und Leibniz, mit dessen Differential- und Integralrechnung er sich intensiv auseinandersetzte;

lehrte 1961 Mathematik in Genf; wurde 1695 Prof. der Mathematik in Groningen und nach dem Tode seines Bruders Prof. der Mathematik in Basel.
Opera omnia. Bd 1–4. Lausanne, Genf 1742.

Bernoulli, Nikolaus I
* 1687 Basel; † 1759 Basel. Prof. der Mathematik in Padua und Basel.

Berossos
Babylonischer Historiker in der ersten Hälfte des 3. Jhs. v. Chr.; schrieb in griechischer Sprache eine Geschichte der Babylonier, die nicht erhalten ist.

Berriman, Algernon Edward
Historical metrology. London, New York 1953.

Bertele, Hans von
s. Bassermann-Jordan.

Bertelè, Tommaso
s. Badoer.

Bethmann, Ludwig
1. *Reise durch Deutschland und Italien in den Jahren 1844–1846*. Arch. d. Ges. f. ältere dt. Geschichtskunde. 9 (1847) 513–658.
2. *Dr. L. Bethmanns Nachrichten über die von ihm für die Mon. Germ. hist. benutzten Sammlungen von Handschriften aus dem Jahre 1854*. Arch. d. Ges. f. ältere dt. Geschichtskunde. 12 (1872) 474–758.

Beusser, Nicolaus
Neu Vollkommenes Buchhalten. Frankfurt a.M. 1669.

Beyer, Johann Hartmann
* 1563 Frankfurt a.M.; † 1625 Frankfurt a.M. Arzt; Bürgermeister in Frankfurt.
1. *Logistica Decimalis: Das ist: K Vnst-Rechnung der Zehentheyligen Brüchen*. Frankfurt a.M. (1603), 2. Aufl. 1619.
2. *Eine newe und schöne Art der Vollkommenen Visierkunst*. Frankfurt a.M. 1603.

Bézout, Étienne
* 1730 Nemours; † 1783 Basses-Loges/Avon. Lehrer an verschiedenen Militärschulen.
1. *Mémoire sur plusieurs classes d'équations de tous les degrès qui admettent une solution algébrique*. Histoire Acad. Sc. Paris. (1762) 1764, 17–52.
2. *Recherches sur le degré des équations résultantes de l'évanouissement des inconnues, et sur les moyens qu'il convient d'employer pour trouver ces équations*. Histoire Acad. Sc. Paris. (1764) 1767, 288–338.
3. *Mémoire sur la résolution générale des équations de tous les degrés*. Histoire Acad. Sc. Paris. (1765) 1768, 533–552.
4. *Cours de mathématiques à l'usage des gardes du pavillon et de la marine*. Bd 3. Paris 1772.
5. *Théorie générale des équations algébriques*. Paris 1779.

Bhāskara I
Lebte um 600 n. Chr., wahrscheinl. im Westen u. Süden Indiens; Astronom u. Mathematiker; Zeitgenosse Brahmaguptas; schrieb 629 einen Kommentar zu „Āryabhaṭīya".
Mahābhāskarīya of Bhāskarācarya with the Bhāṣya of Govindasvāmin . . . Ed. T.S. Kuppanna Sastri. Madras 1957.
(= Madras government oriental series. 130).
s. Āryabhaṭa I [4; 2].

Bhāskara II
* 1115; † nach 1178. Indischer Mathematiker und Astronom.
1. *Līlāvatī* [geschr. um 1150]. Engl. übers. in: Colebrooke [2; 1–127] Auch: Ed. H. Ch. Banerji. Allahabad 1967.
2. *Līlāvatī*. [Sanskrit.] Ed. S. Dvivedi, Benares 1912.
3. *Bījagaṇita*. Engl. Übers. in: Colebrooke [2; 129–276].
4. *Bījagaṇita*. Ed. S. Dvivedi. 1927. (= Benares Sanscrit Series. 159.)

Bialas, Volker
s. Bürgi [2].

Bianchini, Giovanni
Im 15. Jh. Hofastronom des Herzogs von Ferrara; sonst nichts über sein Leben bekannt (vgl. Regiomontanus [3; 190]).

Bierens de Haan, D.
Tweede ontwerp eener naamlijst van logarithmentafels, met de opgave van den tijd, de plaats en de grotte, alsmede van het aantal decimalen, alles zoo verre bekend. Amsterdam 1875. (= Verhandlingen der K. Akad. van Wetenschappen. 15.)

Biermann, Georg Heinrich
Lehrer im Rechnen und Schreiben am Schulmeister-Seminar zu Hannover.
Anleitung zum Rechnen im Kopfe ohne allen Gebrauch von Schreibmaterialien. 2. Aufl. Hannover 1795.

Biernatzki, K. L.
Die Arithmetik der Chinesen. J. reine u. angew. Math. 52 (1856) 59–94. Nachdr. Walluf bei Wiesbaden 1973.

Billeter, Gustav
Geschichte des Zinsfusses im griechisch-römischen Altertum bis auf Justinian. Leipzig 1898.

Bineš, Taqī
s. Ṭabarī.

Binet, Jacques Philippe Marie
* 1786 Rennes; † 1856 Paris. Mathematiker und Astronom; Prof. an der École Poly-

technique und am Collège de France. *Mémoire sur un système de formules analytiques, et leur application à des considérations géometriques.* J. École Polyt. 9 (1813) 280–354.

al-Bīrūnī (Abu al-Raiḥān Muḥammad ibn Aḥmad al-Bīrūnī)
* 973 Kath (Kwarazm, Choresm), heute Beruni; † 1051 [?] Ghazna (Ghasni)/Afghanistan. Persischer Philosoph, Mathematiker, Astronom, Geograph u. Enzyklopädist, der lange Zeit Indien durchreiste.
1. *Izbrannye proizvedenija.* [Ausgewählte Werke. Russ. Übers. u. bearb. von Bulgakov u. Rozenfeld'.] Bd 5, T. 1. Taschkent 1973.
2. *The chronology of ancient nations. An English version of the Arabic text of the Athâr-ul-Bâkiya of Albîrûnî.* Ins Engl. übers. u. ed. E. C. Sachau. London 1879. Nachdr.: Frankfurt 1969.
3. *Alberuni's India.* Engl. Übers. von E.C. Sachau. Bd 1.2 (in 1 Bd). London 1888. Nachdr. Dehli [usw.] 1964.
4. *Die trigonometrischen Lehren des persischen Astronomen Abu' l-Raiḥân Muḥ. ibn Aḥmad al-Bîrûnî.* Ed. C. Schoy. Hannover 1927.
5. *The book of instruction in the elements of the art of astrology.* Ed. R. Ramsay Wright. London 1934.
s. Sachau.

Bittner, Adam
Handbuch der Mathematik. 3. Aufl. Prag 1821.

Björnbo, Axel Anthon
Thabits Werk über den Transversalensatz (liber de figura sectore). Mit Bemerkungen von H. Suter. Ed. H. Bürger u. K. Kohl. Erlangen 1924. (= Abhandlgn z. Gesch. d. Naturw. u. d. Medizin. 7.)
s. Werner.

Blasius, Johannes Martinus
Spanischer Astrologe u. Mathematiker um 1500.
Liber Arithmetice Practice Astrologis, Physicis et Calculatoribus admodum utilis. Paris 1513. Nachdr. o.O. 1960.

Blasius von Parma
* um 1345 Parma; † 1416 Parma. Naturphilosoph; lehrte in Bologna, Padua, Florenz und Pavia; wurde bei einem Aufenthalt in Paris mit den neuen scholastischen Ideen vertraut und sorgte für deren Verbreitung in Italien.
s. Moody/Clagett.

Blind, August
Maß-, Münz- und Gewichtswesen. Leipzig 1906. (= Sammlung Göschen. 283).

Blockbuch
Staatliche Bibliothek zu Bamberg [Sign.: Jc, I, 44]. Aus dem 15. Jh.
Incipit: *Regula von drey ist drey dinck.*
s. Vogel [25].

Blume (Bluhme), Friedrich
s. Schriften der römischen Feldmesser.

Bockstaele, Paul
Het oudste gedrukte Nederlandse Rekenboekje (en zijn vertalingen). Scientiarum historia. 1 (1959) 53–71, 117–127.

Bodenhausen, Rudolph Christian von
† 1698. Korrespondent von Leibniz.

Böschensteyn, Johann
* 1472 Esslingen; † 1540 Nördlingen. Hebraist u. Rechenmeister.
Ain Newgeordnet Rechenbiechlin mit den zyffern. Augsburg 1514.

Boëtius (Boëthius), Anicius Manlius Severinus
* ca 480 Rom [?]; † 524/25 bei Pavia. Römischer Philosoph u. Staatsmann; anfangs Freund von Theoderich.
De institutione arithmetica libri duo. De institutione musica libri quinque, accedit geometria quae fertur Boetii. Ed. G. Friedlein. Leipzig 1867.

Bohlmann, O.
s. Genocchi.

Bohn, Friedrich
Die Handlungswissenschaft. 5. Aufl. Quedlinburg u. Leipzig 1850.

Bohn, Gottfried Christian
Gottlieb Christian Bohns Wohlerfahrner Kaufmann. Ed. C. D. Ebeling u. P. H. C. Brodhagen. 5. Aufl. Bd 1.2. Hamburg 1789.

Boll, Franz
1. *Kleine Schriften zur Sternkunde des Altertums.* Leipzig 1950.
2. *Hebdomas*, in: Pauly/Wissowa [7,2 = Halbbd 14. 1912, Sp. 2547–2578].

Bolzano, Bernard
* 1781 Prag; † 1848 Prag. Weltpriester und Prof. der Religionsphilosophie an der Universität Prag.
1. *Rein analytischer Beweis des Lehrsatzes, daß zwischen je zwey Werthen, die ein entgegengesetztes Resultat gewähren, wenigstens eine reelle Wurzel der Gleichung liege.* (Prag 1817.) Leipzig 1905 (= Ostwalds Klassiker ex. Wiss. 153.), 1–43.
2. *Reine Zahlenlehre.* Manuskript, Österreichische Nationalbibliothek Wien. Cod. Ser. nov. 3469.
3. *Paradoxien des Unendlichen.* Ed. F. Přihonsky. Berlin (1851), 2. Aufl. 1889. (= Wiss. Classiker in Facsimile-Drucken. 2.) Nachdr. Darmstadt 1964.
4. *Einleitung zur Größenlehre und Erste Begriffe der allgemeinen Größenlehre.*

Ed. J. Berg. = B. Bolzano-Gesamtausgabe. Reihe 2, A, Bd 7. Stuttgart–Bad Canstatt 1975.
s. Rootselaar; Rychlík.

Bombelli, Raffaele
* 1526 Bologna; † 1572 Bologna. Ingenieur.
1. *L'algebra.* (Lib. 1–3). Bologna (1572), 2. Aufl. 1579.
2. *L'algebra.* Lib. 4 u. 5. Ed. E. Bortolotti. Bologna 1929.
3. *The influence of practical arithmetics on the algebra of Rafael Bombelli.* Ed. S.A. Jayawardene. Isis. 64 (1973) 510–523.

Boncompagni, Baldassare
1. *Intorno ad un trattato di aritmetica del P.D. Smeraldo Borghetti Lucchese.* Bulletino bibliogr. storia scienze mat. fis. 13. (1880) 1–80, 121–200, 245–368.
2. *Intorno a due questi . . . 1. Zero.* Bulletino bibliogr. storia scienze mat. fis. 16 (1883) 673–686.
s. al-Ḫwārizmī [1]; Johannes Hispalensis; Leonardo von Pisa [1]; al-Qalaṣādī.

Bonfils
s. Immanuel ben Jacob Bonfils.

Bonnycastle, John
* Whitchurch; † 1821 Woolwich. Prof. der Mathematik an der Militärschule in Wollwich.
The scholar's guide to arithmetic. London 1780.

Boole, George
* 1815 Lincoln/England; † 1864 Cork/Irland. Prof. der Mathematik am Queen's College in Cork.
1. *The mathematical analysis of logic.* Cambridge 1847. Nachdr. Oxford 1965.
2. *An investigation of the laws of thought on which are found the mathematical theories of logic and probabilities.* London 1854. Nachdr. New York 1958.

Borchardt, Ludwig
Die altägyptische Zeitmessung. Berlin, Leipzig 1920. = Die Geschichte der Zeitmessung und der Uhren. Ed. E. von Bassermann-Jordan. Bd 1. Lfg B.
s. Jacobi [1].

Borelli, Giovanni Alfonso
* 1608 Neapel; † 1679 Rom. Vielseitiger Naturwissenschaftler; Mitgl. der Academia del Cimento in Florenz.
Euclides restitutus. Pisa 1658.

Borghi (Borgi), Piero
Venezianischer Mathematiker des 15. Jhs.
Arithmetica. Venedig 1484. Nachdr. München 1964.

Borrel, Jean
s. Buteo.

Bortolotti, Ettore
1. *L'algebra nella scuola matematica di Bologna del seculo XVI.* Periodico di matematiche (4). 5 (1925) 147–184.
2. *I contributi del Tartaglia, del Cardano, del Ferrari, e della scuola matematica bolognese alla teoria algebrica delle equazioni cubiche.* Imola 1926.
s. Bombelli [2]; Ruffini [1].

Bose, D.M./Sen, S.N./Subbarayappa, B.V. [BSS]
A concise history of science in India. New Delhi 1971.

Bosmans, Henri
Le fragment du commentaire d'Adrien Romain sur l'algèbre de Mahumed ben Musa el-Chowārezmī. Annales Soc. Sc. Bruxelles. 30, 2 (1906) 267–287.
s. Stevin [3].

Bourbaki, Nicolas
Deckname für eine Gruppe zeitgenössischer französischer Mathematiker.
Éléments de mathématique. Buch 2: *Algèbre.* Paris 1942.

Bourgne, R.
s. Galois [2].

Boutroux, Pierre
s. Pascal [1].

Bouvet, Joachim S. J.
* 1662; † 1732. Missionar in China; korrespondierte mit Leibniz.

B R
Byzantinisches Rechenbuch
s. Vogel [16].

Bradwardine, Thomas
* zwischen 1290 u. 1300 in d. Grafsch. Sussex/Engl.; † 1349 London (Stadtteil Lambeth). Mathematiker, Philosoph, Theologe; Fellow des Merton-College, Oxford; Erzbischof von Canterbury.
1. *Geometria speculativa.* Paris 1511.
2. *Thomas of Bradwardine. His Tractatus de Proportionibus. Its significance for the development of mathematical physics.* Ed. u. übers. H.L. Crosby, jr. Madison 1955.

Brahe, Tycho
* 1546 Knudstrup auf Schonen; † 1601 Prag. Leiter der Sternwarte Uranienborg auf der Insel Hveen; später Kaiserl. Astronom unter Rudolf II. in Prag.
Opera omnia. Ed. I.L.E. Dreyer. Bd 1–15. Kopenhagen 1913–1924.

Brahmagupta
* 598; † nach 665. Indischer Astronom und Mathematiker.
1. Engl. Übers. des Kap. 12 von Brāhmasphuṭasiddhānta: *Gaṅitad'hyáya, on arithmetic*, in: Colebrooke [2; 277–378].
2. *Brāhmasphuṭasiddhānta.* [Sanskrit.] Ed. S. Dvivedī. Benares 1902.
s. al-Fazārī; Pṛthūdakasvāmī.

Bramer, Benjamin
* 1588 Felsberg/Hessen; † nach 1648 Ziegenhayn. Wurde von seinem Schwager Jost Bürgi erzogen; folgte diesem nach Prag 1603; ab 1612 Baumeister in Marburg und Ziegenhayn; Verf. mehrerer mathematischer Werke.
Beschreibung Eines sehr leichten Perspectiv: vnd grundreissenden Instruments auff einem Stande. Kassel 1630.

Brancker (Branker), Thomas
* 1633 Barnstaple; † 1676 Macclesfield. Mathematiker; Prediger; Schuldirektor in Macclesfield.
s. Rahn [2].

Braunmühl, Anton von
1. *Die Entwicklung der Zeichen- und Formelsprache in der Trigonometrie.* Bibl. math. (3) 1 (1900) 64–74.
2. *Vorlesungen über Geschichte d. Trigonometrie.* Bd 1.2. Leipzig 1900–1903.

Breasted, James Henry
Geschichte Ägyptens. Dt. Übers. von H. Ranke. 2. Aufl. Wien 1936.

Bretschneider, Carl Anton
Die Geometrie und die Geometer vor Euklides. Leipzig 1870.

Briggs, Henry
* 1560/61 (Feb.) Warley Wood in Halifax/Yorkshire; † 1630/31 (Jan.) Oxford. Prof. der Geometrie am Gresham College in London; später Prof. der Geometrie in Oxford.
1. *Logarithmorum chilias prima.* London 1617.
2. *Arithmetica logarithmica, sive logarithmorum chiliades triginta, pro numeris naturali serie crescentibus ab unitate ad 20000 et a 90000 ad 100000.* London 1624.
3. *Arithmetica logarithmica.* Ed. secunda aucta per Adrianum Vlacq. [2. Aufl. von 2.]
Gouda 1628. Nachdr. Hildesheim 1976.
4. *Trigonometria Britannica: sive de doctrina triangulorum libri duo. Quorum prior . . . a H. Briggio compositus, posterior . . . ab Henrico Gellibrand constructus.* Gouda 1633.
s. Huxley.

Brodhagen, P. H. C.
s. Bohn, G. Chr.

Bronkhorst, Jan van (Noviomagus, Johannes)
* 1494 Nimwegen; † 1570 Köln. Prof. der Mathematik in Rostock, Deventer und Köln.
De numeris libri duo. Köln 1539.

Bruins, Evert Marie
1. *Reciprocals and Pythagorean triads.* Physis. 9 (1967) 373–392.
2. *La construction de la grande table de valeurs réciproques AO 6456.* Actes de la 17e Rencontre Assyriologique Int., Bruxelles, 30 juin–4 juillet 1969, 99–115.
3. *Computation in the old Babylonian period.* Janus. 58 (1971) 222–267.
4. *Tables of reciprocals with irregular entries.* Centaurus. 17 (1973) 177–188.
5. *Computation of logarithms by Huygens.* Janus. 65 (1978) 97–104.

Bruins, Evert M./Rutten, M.
Textes mathématiques de Suse [*ST*]. Paris 1961. (= Mém. Mission Archéol. en Iran, Paris. 3.)

Brunschvicg, Léon
s. Pascal [1].

B S S
s. Bose/Sen/Subbarayappa.

Bubnov, Nikolai
Arithmetische Selbständigkeit der europäischen Kultur. Berlin 1914.
s. Gerbert v. Aurillac [2].

Buchanan-Cowley, Elizabeth
An Italian mathematical manuscript ⟨*Columbia-Algorismus*⟩, in: Vassar mediaeval studies. New Haven 1923, 379–405.

Buée, Adrien Quentin
* 1748 Paris; † 1826 Paris. Priester; Domherr ehrenhalber bei Nótre Dame; politischer Schriftsteller.
Mémoire sur les quantités imaginaires, in: Philos. Trans. R. Soc. London 1808, 1, 23–28.

Bürger, H.
s. Björnbo.

Bürgi, Jost
* 1552 Lichtensteig/Schweiz; † 1632 Kassel. Hofuhrmacher, Astronom und Mathematiker beim Landgr. Wilh. IV. von Hessen–Kassel; später in Prag im Dienst von Rudolf II., Matthias u. Ferdinand II.
1. *Aritmetische und Geometrische Progreß-Tabulen.* Prag 1620.
2. *Die Coss von Jost Bürgi in der Redaktion von Johannes Kepler.* Bearb. von M. List u. V. Bialas. München 1973. (= Abh. Bayer. Ak. Wiss. N.F. 154 = Nova Kepleriana. N.F. 5.)
s. Gieswald [1], [2]; Matzka; Voellmy; Wolf [1].

Bürk, A.
s. Āpastamba-Śulba-Sūtra.

Buffon, George Louis Leclerc de
* 1707 Montbard; † 1788 Paris. Hauptwerk: „Histoire naturelle" (36 Bde).
Essai d'arithmétique morale, in: Oeuvres complètes. Bd 13. Paris 1827, 3–110.
s. Newton [8].

Bulgakov, V. F.
s. al-Birūnī [1].

Burja (Bürja), Abel B.
* 1752 Kikebusch bei Berlin; † 1816 Berlin. Mathematiker; Lehrer in Berlin; dann Lehrer u. Prediger in Petersburg; später Prediger in Berlin, dann Prof. der Mathematik an der kgl. Ritterakademie; Mitgl. d. Akademie d. Wiss., Berlin.
Essai d'un nouvel algorithme des logarithmes. Mém. Acad. Sc. Berlin 1788/89 (1793) 300–325.

Burley (Burleigh), Walter (Burlaeus, Gualterus)
* um 1275 in England (Herefordshire?); † nach 1337 (1345?). Studierte in Merton College, Oxford und in Paris; schrieb vor allem Kommentare zu Aristoteles.
s. Maier [2].

Busard, Hubertus L. L.
1. *Het rekenen met breuken in de middeleeuwen, in het bijzonder bij Johannes de Lineriis.* Brüssel 1968. (= Mededelingen van de Kon. Vlaamse Academie v. Wetenschappen, Letteren en Schone Kunsten v. België. Kl. Wetensch. 30, Nr. 7.)
2. *Die Traktate „De proportionibus" von Jordanus Nemorarius und Campanus.* Centaurus. 15 (1971) 193–227.

Busche, E.
Über die Schubert'sche Lösung eines Bachet'schen Problems. Math. Annalen. 47 (1896) 105–112.

Busse, Friedrich Gottlieb von
* 1756 Gardelegen; † 1835 Freiberg. Prof. am Philanthropin in Dessau; seit 1800 Prof. d. Mathematik u. Physik an der Bergakademie Freiberg.
Anleitung zum Gebrauche eines gemeinverständlichen Rechenbuches für die Schulen. Leipzig 1786–1787.

Buteo (Boteo), Johannes (Borrel, Jean)
* 1492 Charpey; † zwischen 1564 u. 1572 Romans-sur-Isère. Französischer Mönch v. Orden d. Heiligen Antonius.
Logistica, quae & arithmetica vulgo dicitur. Lyon 1559.

Cajori, Florian
1. *Fourier's improvement of the Newton-Raphson method of approximation anticipated by Mourraille.* Bibl. math. (3) 11 (1910/11) 132–137.
2. *Horner's method of approximation anticipated by Ruffini.* Bull. Amer. Math. Soc. 17 (2) (1910/11) 409–414.
3. *Algebra in Napier's day and alleged prior inventions of logarithms,* in: Napier tercentenary memorial volume, ed. C. G. Knott. Edinburgh 1915, 93–109.
4. *Rahn's algebraic symbols.* Amer. math. mon. 31 (1924) 65–71.
5. *Leibniz, the master-builder of mathematical notations.* Isis. 7 (1925) 412–429.
6. *A history of mathematical notations.* Bd 1.2. Chicago, London 1928–1929.
7. *The word "Logarith" used before the time of Napier.* Archeion. 12 (1930) 229–233.

Calandri, Filippo
* um 1430. Florentiner Mathematiker.
1. *Trattato di aritmetica.* Florenz 1491. Nachdr., ed. G. Arrighi, 2 Bde, Faks. u. Transkr. Florenz 1969.
2. *De Arimethrica* [arithmetica] *opusculum.* (Florenz 1491.) 2. Aufl. Florenz 1518.

Calandri, Pier Maria
* 1419; † 1467. Florentiner Mathematiker. (Bruder von Filippo Calandri.)
Tractato d'abbacho. Dal Cod. Acq. e doni 154 (sec. XV) della Bibl. Med. Laur. di Firenze. Ed. G. Arrighi. Pisa 1974. (= Testimonianze di storia della scienza. 7.)

Campanus von Novara, Johannes (Campano, Giovanni)
* wahrsch. Novara; † 1296 Viterbo. Italienischer Mathematiker u. Astronom.
De proportione et proportionalitate, in: Busard [2; 213–222].
s. Euklid [2].

Cantor, Georg
* 1845 Petersburg; † 1918 Halle. Prof. der Math. an der Univ. Halle.
Gesammelte Abhandlungen. Ed. E. Zermelo. Berlin 1932. Nachdr. Hildesheim 1966.
s. Heine.

Cantor, Moritz Benedikt
1. *Über einen Codex des Klosters Salem.* Z. Math. Phys. 10 (1865) 1–16.
2. *Die römischen Agrimensoren und ihre Stellung in der Geschichte der Feldmesskunst.* Leipzig 1875.
3. *Vorlesungen über Geschichte der Mathematik.* Leipzig. Bd 1, 3. Aufl. 1907; Bd 2, 2. Aufl. 1900; Bd 3, 2. Aufl. 1901; Bd 4, 1908.

Capella, Martianus
s. Martianus Mineus Felix Capella.

Caramuel y Lobkowitz, Juan
* 1606 Madrid; † 1682 Madrid. Zisterzienser; Generalvikar seines Ordens in Großbritannien. Im Dienst Kaiser Ferdin. III. u. Papst Alexander VII.; Bischof in Campania b. Amalfi; zuletzt Bischof zu Vigevano in Spanien.
Mathesis biceps vetus et nova. Campania 1670.

Cardano, Geronimo (Girolamo)
* 1501 Pavia; † 1576 Rom. Mediziner, Mathematiker u. Philosoph.
1. *Opera omnia.* Ed. Ch. Spon. Bd 4. (Insges. 10 Bde.) Lyon 1663. Nachdr. New York u. London 1967.
2. *Practica arithmeticae generalis.* (Mailand 1539.) In [1; 13–216].
3. *Ars magna sive de regulis algebraicis.* (Nürnberg 1545.) In [1; 221–302].
4. *The great art of the rules of algebra.* Engl. Übers. [von 3] von T.R. Witmer. Cambridge/Mass. u. London 1968.
5. *Sermo de plus et minus,* in [1; 435–439].
6. *Libellus qui dicitur Computus minor,* in [1; 216–220].
7. *De regula Aliza libellus,* in [1; 377–434].
8. *Opus novum de proportionibus,* in [1; 463–601].
s. Bortolotti [2].

Carlebach, Joseph
Lewi ben Gerson als Mathematiker. Ein Beitrag zur Geschichte der Mathematik bei den Juden. Berlin 1910.

Carnot, Lazare Nicolas Maguerite
* 1753 Nolay; † 1823 Magdeburg. Während der Revolution u. unter Napoleon vielseitig politisch tätig.
Géométrie de position. Paris 1803.

Carpzow, Benedict C.
* 1595 Wittenberg; † 1666 Leipzig. Prof. der Rechte in Leipzig; Kursächsischer Geheimrat in Dresden.

Carra de Vaux, Bernard
1. *Remarque sur la question 60.* [Bedeutung des Wortes „coeci".] Bibl. math.(2) 11 (1897) 32.
2. *Sur l'origine des chiffres.* Scientia 21 (1917) 273–282.

Caspar, Max
s. Kepler [1].

Cassini de Thury, César François
* 1714 Thury bei Clermont; † 1784 Paris. Astronom und Geodät; vermaß zusammen mit Lacaille den Pariser Meridian von Dünkirchen bis Barcelona.

Cassiodorus, Flavius Magnus Aurelius
* ca 480 Scylacium/Bruttium (Italien); † ca 575 Vivarium/Bruttium. Römischer Konsul, dann Staatsmann unter Theoderich; gründete um 550 das Kloster Vivarium, in das er sich zurückzog.
Institutiones divinarum et saecularium litterarum. Ed. R.A.B. Mynors. Oxford 1937. Nachdr. Oxford 1961.

Cataldi, Pietro Antonio
* 1552 Bologna; † 1626 Bologna. Prof. der Mathematik und Astronomie an den Universitäten Florenz, Perugia und Bologna.
1. *Trattato dei numeri perfetti.* Bologna 1603.
2. *Trattato del modo brevissimo di trovare la radice quadra delli numeri.* Bologna 1613.

Cataneo, Pietro
* im 16. Jh. in Siena. Architekt.
Le pratiche delle due prime Mathematiche. Venedig 1546.

Cauchy, Augustin-Louis
* 1789 Paris; † 1857 Sceaux. Prof. der Math. an der Ecole Polytechnique in Paris; Mitgl. des Institut de France.
1. *Oeuvres complètes.* Ser. 1, Bd 1–12. Ser. 2, Bd 1–14. Paris 1882–1938.
2. *Sur le nombre des valeurs qu'une fonction peut acquérir, lorsqu'on y permute de toutes les manières possibles les quantités qu'elle renferme.* (J. Ecole Polyt. 10 (1815) 1–28.) In [1; (2) 1 (1905) 64–90].
3. *Cours d'analyse de l'Ecole Royale Polytechnique.* P. 1: Analyse algébrique. (1821.) In [1; (2) 3. 1897].
4. *Mémoire sur une nouvelle théorie des imaginaires, et sur les racines symboliques des équations et des équivalences.* (Comptes rendus Ac. Sc. Paris. 24 (1847) 1120.) In [1; (1) 10. 1897, 312–323].
5. *Mémoires sur les fonctions qui ne peuvent obtenir que deux valeurs égales et de signes contraires par suite des transpositions opérées entre les variables qu'elles renferment.* (J. Ecole Polyt. 10 (1815) 29–112.) In [1; (2) 1. 1905, 91–169].

Cavalieri, Bonaventura
* 1598 [?] Mailand; † 1647 Bologna. Jesuit; Prof. der Mathematik an der Universität zu Bologna; Schüler Galileis.
Trigonometria plana et sphaerica, Linearis & Logarithmica. Bologna 1643.

Cayley, Arthur
* 1821 in Richmond, Surrey; † 1895 Cambridge. „Sadlerian Prof." der reinen Math. in Cambridge.
1. *The collected mathematical papers.* Bd 1–13. Cambridge 1889–1898. Nachdr. 1963
2. *On a theorem in the geometry of position.* (Cambridge math. j. 2 (1841) 267–271.) In [1; 1. 1889, 1–4].
3. *Demonstration of Pascal's theorem.* Cambridge math. j. 4 (1843) 18–20.) In [1; 1. 1889, 43–45].
4. *On Jacobi's elliptic functions, in reply to the Rev. B. Browning; and on quaternions.* (Philos. magazine 26 (1845) 208, 211.) In [1; 1. 127].

Cchakaia, D.G.
O grusinskich merach vremeni i o metodach vyčisdenij primenennych v grusin-

skom sodnečnom kalendare. [Über die grusinischen Zeitmaße und Rechenmethoden, die im grusinischen Sonnenkalender angewandt wurden. Russ.] Trudy Tbilissk. Mat. Inst. [Radmaze]. 22 (1956) 301–317.

Ceulen, Ludolph van
* 1540 Hildesheim; † 1610 Leiden. Mathematiklehrer in Breda, Amsterdam u. Leyden; später Prof. für „Duytsche Mathématique" an der Universität Leyden.
Van den Circkel. Delft 1596.

Chace, A. B.
s. Papyrus Rhind [2].

Chamber, John
*1546 Swillington; † 1604 Windsor, Kanonikus von Windsor; Verf. astronomischer Schriften.
s. Barlaam.

Chang Ch'iu-chien
Chinesischer Mathematiker um 485.
O traktate Czan Cju-Czanja po matematike. [Über den mathematischen Traktat des Chang Ch'iu-chien. Russ.] Ed. E. I. Berezkina. Fiziko-mat. nauki v stranach vostoka. 2 (1969) 18–81.

Charmides-Scholion
s. Platon [3].

Chelebi (Maḥmūd ibn Muḥammad Mariām Chelebi)
* 1524 oder 1525. Wirkte in verschiedenen Städten der Türkei; schrieb um 1500 einen Kommentar zu den astronomischen Tafeln des Uluġ Beg. (Vgl. Juškevič [1; 321].)

Chelius, Georg Kaspar
Maß- und Gewichtsbuch. 3. Aufl. Frankfurt a.M. 1830.

Chevalier, Jacques
s. Pascal [2].

Chia Hsien
Lebte um 1100 n. Chr. Chinesischer Mathematiker.

Ch'in Chiu-shao
Wirkte im 13. Jh. Chinesischer Mathematiker.
s. Libbrecht.

Chiu Chang Suan Shu (Chiu-chang Suan-shu)
Chinesisches Rechenbuch der frühen Han-Zeit (202 v. Chr. bis 9 n. Chr.).
1. *Drevnekitajskij traktat „Matematika v devjati knigach".* [Altchinesische Abhandlung „Mathematik in neun Büchern". Russ.] Ed. E. I. Berezkina. Istoriko-matematičeskie issledovanija. 10 (1957) 423–584.
2. *Arifmetičeskie voprocy v drevnekitajskom traktate „Matematika v devjati knigach".* [Arithmetische Fragen in der altchinesischen Abhandlung „Mathematik in neun Büchern". Russ.] E. I. Berezkina. Iz istorii nauki i techn. v stranach vostoka. 1 (1960) 34–55.
3. *Chiu Chang Suan Shu. Neun Bücher arithmetischer Technik.* Dt. Übers. von K. Vogel. Braunschweig 1968. (= Ostwalds Klass. ex. Wiss. N.F. 4).
s. Lam Lay-Yong [1]; Liu Hui.

Chroust, Anton
s. Handlungsbuch.

Chu Shih-chieh
* in Jensham; wirkte 1280–1303. Chinesischer Mathematiker; verfaßte eine „Einleitung in die mathematischen Wissenschaften" (Arithmetik und Algebra) und den „Wunderbaren Spiegel der vier Unbekannten", in dem 288 mathematische Probleme gelöst werden.

Chuquet, Nicolas
Am Schluß der „Triparty" steht: „N. Ch. parisien Bachelier en medicine . . . 1484."
1. *Le Triparty en la science des nombres.* Ed. A. Marre. Bulletino bibliogr. storia scienze mat. fis. 13 (1880) 555–659, 693–814.
2. *Appendice au Triparty.* Ed. E. Narducci. Bulletino bibliogr. storia scienze mat. fis. 14 (1881) 413–473.
3. *Hs. des Appendice.* Lyon 1484. Paris, BN, Ms. franç. 1346, 148^r–210^r.

Cicero, Marcus Tullius
* 106 v. Chr.; † 43 v. Chr. (ermordet). Stammt aus Arpinum, südöstl. v. Rom; Römischer Staatsmann, Schriftsteller und Philosoph.
1. *M. Tulli Ciceronis Scripta quae manserunt omnia.* Leipzig, Stuttgart (Teubner).
2. *De officiis.* In [1; **48.** 1949].
3. *Timaeus.* In [1; **46.** 1965, 155°–187].
4. *De natura deorum.* In [1; **45.** 1968].

Ciruelo, Pedro Sánchez
* 1470 Daroca/Spanien; † 1554 wahrsch. Salamanca. Studierte u. lehrte Mathematik und Theologie in Paris und Alcala.
Tractatus arithmetice practice qui dicitur Algorismus. Paris 1495.

Clagett, Marshall
s. Moody/Clagett.

Clairaut, Alexis Claude
* 1713 Paris; † 1765 Paris. Mathematiker, Geodät; mit 18 Jahren Mitgl. der Académie des Sciences; Teilnehmer an der Lappland-Expedition zur Erdvermessung 1736/37.
1. *Elemens d'algèbre.* Paris 1746.
2. *Anfangsgründe der Algebra.* Dt. Übers. [von 1] von C. Mylius mit Zusätzen von G.H. Tempelhoff. 2. Aufl. Berlin 1778.

Clark, Walter Eugene
s. Āryabhaṭa I [3].

Clausberg, Christlieb von
* 1689 Danzig; † 1751 Kopenhagen. Rechenmeister in Leipzig, Hamburg u. Lübeck; dann Revisor der Privatkasse

König Christians VI. von Dänemark. *Demonstrative Rechenkunst.* Leipzig (1732), 2. Aufl. 1748.

Clavius, Christoph
* 1573 Bamberg; † 1612 Rom. Lehrer der Mathematik am Jesuitenkolleg in Rom.
1. *Opera mathematica.* Bd 1–5. Mainz 1611–1612.
2. *Epitome arithmeticae practicae.* Rom (1583) 1585. (In [1; 2. 1611, T. 2].)
3. *Astrolabium tribus libris explicatum.* Rom 1593. (In [1; 3. 1611, T. 2].)
4. *Algebra Christophori Clavii Bambergensis.* Rom 1608. (In [1; 2, T. 3].)
s. Euklid [8].

Clebsch, Alfred
s. Jacobi [1].

Clevischer Algorithmus
s. Bernhard.

Codices
(verzeichnet nach dem Alphabet des Aufbewahrungsortes):

Cod. Cambridge Un. Lib. Ms. I i 6,5
Stammt aus der Abtei Bury St. Edmunds; wahrsch. im 13. Jh. geschr.
104^r–111^v: „*Dixit algorizmi*", ed. Vogel.
s. al-Ḫwārizmī [2; 8–39].

Cod. Dresden C 80
Aus dem Jahre 1481 (vgl. Curtze 6; 289); früher im Besitz von Johannes Widman; enthält mehrere arithmetische und algebraische Traktate mit Randnotizen, die teilweise von Widman stammen. Zum Inhalt s. Kaunzner [1; 27–48].
350^r–364^v = *Lateinische Algebra*, s. Wappler [1; 11–30], ähnlich in Cod. Leipzig 1470 [479^r–493^v].
368^r–378^r = *Deutsche Algebra.*

Cod. Einsidlensis 326
Anfang des 10. Jhs.
88^r: *Carmen*, ed. in: Anthologia Latina [2; 184 f.].

Cod. Erlangen, Universitätsbibl. 379
Mitte des 1. Jhs (vgl. Folkerts [1; 3 f.]).

Cod. Emilianus = Cod. Escorial d I 1
(Kloster Escorial bei Madrid)
Aus dem Jahre 992; in San Millan de la Cogolla (bei Burgos/Spanien) geschr.;
s. Ewald.

Cod. Vigilianus = Cod. Escorial d I 2
Aus dem Jahre 976; in Kloster Albelba (bei Logoño/Spanien) geschr.;
s. Ewald.

Cod. Gotha 1489
Arab. Ms. von 1432.
1^r–128^r: *Al-Ḥaṣṣār fī'l-ḥisāb.* [Al-Ḥaṣṣār über die Rechenkunst.]

Cod. Krakau 1928
(Bibliotheca Universitatis Jagellonicae) 15 Jh.
fol. 411–416: *Algorismus de lineis.*

Cod. Leipzig 1470
15./16. Jh. (jünger als Cod. Dresden C 80).
540 Bl. Inhalt s. Kaunzner [1; 39–48].

Cod. Lucca 1754
14. Jh.;
ed. Arrighi [3].

Cgm 739 (München, Staatsbibl.)
Geschr. 1440–1504.
54^r–62^r: *Deutsche Rechenkunst mit Rechenpfenningen (Linienrechnen).*

Cgm 740
Mitte des 15. Jhs. (vgl. Curtze [6; 304]).
1^r–34^r: *Hie fahet an Algorismus*, ed. Kaunzner [3].

Cgm 821
Geschr. 1500–1507; aus Tegernsee.
60^r–67^r: *Rechnen mit gebrochenen Zahlen;*
76^r–86^v: *Algorismus des Werner de Themar.*

Clm 4390
14. Jh.
46^v (51^v): *Aenigma arithmeticum.*

Clm 8951
15. Jh.
44^v–48^r: Eine Sammlung arithmetischer Enigmata aus dem ersten Viertel des 15. Jhs, ed. Vogel [17; 47–54].

Clm 13021
s. Folkerts [1; 9–12]
1^v–26^v: „*Boethius*"*-Geometrie;*
27^r–29^v: *Algorismus.* A_2.

Clm 14032
14. Jh.

Clm 14684
14. Jh. (vgl. Curtze [6; 269]).
30^r–33^r: *Incipiunt subtilitates enigmatum*, ed. Curtze [3].

Clm 14783
Geschr. 1449–1456 von vier verschiedenen Personen, darunter Fridericus; enthält auf fol. 411^r–441^v den gesamten AR, geschr. von einem Anonymus (Text A).

Clm 14908
Geschr. von mehreren Personen, darunter Fridericus, und der Verf. des Cod. Florian. XI. 619. Enthält den von Fridericus kompilierten u. geschriebenen Text B des AR. Weitere algebraische Traktate:
40^v–54^r, ed. Curtze [1; 35–49];
133^v–157^r, ed. Curtze [1; 49–73].

Clm 15558
Datumseinträge von 1455, 1461–1464.
193^r–197^v: *Tractatulus de modo numerandi ac computandi*, ed. Vogel [17; 30–46].

Clm 18927
12. Jh. (vgl. Curtze [6; 285])/13. Jh.:
s. Allard [2].
31^r–33^r *Algorismus.* A 5.

Cod. Plimpton 188 (New York, Plimpton Libr.)
1456 geschr.; war im Besitz von Regiomontanus.
96^{r}: Lösung einer kubischen Gleichung; wahrsch. von Regiomontanus.

MS Lyell 52 (Oxford, Bodleian Libr.)
Entstand vor 1380 (vgl. Kaunzner [9; 9, Fn. 43]).
42^{r}–49^{v}: *algebraischer Text* (Bearb. der Algebra al-Ḫwārizmī?), teilw. ed. in Kaunzner [9].

Cod. Par. bibl. nat. 7359 (Paris, Bibl. Nationale)
Anfang des 14. Jhs.
s. Allard [2].
85^{r}–101^{v} Algorismusschrift H 4.

Cod. Par. bibl. nat. 16202 (= Sorbonne 972)
Anfang des 13. Jhs.
s. Allard [2].
50^{r}–73^{v} Algorismusschrift H 1.

Cod. Par. bibl. nat. 16208 (= Sorbonne 980)
Geschr. vor 1180;
s. Allard [2].
67^{r}–69^{r}: *Algorismus*, A 3.

Cod. Par. suppl. gr. 387
Im 14. Jh. von mehreren Schreibern verfaßt; einst im Besitz von Georgios Valla; wurde 1796 nach Paris gebracht (vgl. Heron [4, IV–VII]).
118^{v}–140^{v}: *Ψηφηφορικὰ ζητήματα καὶ προβλήματα.* [Rechnerische Untersuchungen und Aufgaben], ed. Vogel [16].
159^{r}–161^{v}: *Ψηφιφορικὰ προβλήματα πάνυ ὀφέλημα.* [Sehr nützliche Rechenaufgaben.]

Cod. Prag XI. C. 5 (Universitätsbibl.)
Aus der zweiten Hälfte des 15. Jhs.
140^{r}–149^{r}: *Arismetrica est ars arcium scientia scientiarum,*
s. Kaunzner [1; 24 f.] und [2; 1–10].

Cod. Salem
Codex des Klosters Salem; um 1200 geschr. (jetzt in der Universitätsbibl. Heidelberg); ed. M. Cantor [1].

Cod. Florianus XI 619 (Kloster Sankt Florian bei Linz)
Von einem anonymen Konventualen des Benediktinerklosters St. Emmeram haupts. 1446–47 geschr.; enth. zahlr. astronomische u. mathematische Texte, u.a. den Originaltext des AR (Text F) [206^{v}–225^{r}], sowie ein dt. Rechenbuch, das als Hauptquelle des Bamberger Rechenbuches von 1483 angesehen werden kann;
s. Zimmermann [1], [2].

Cod. Vindob. 275 (Wien, Nationalbibl.)
Aus dem Jahre 1143.
27^{r}: *Algorismus*, A 1, ed. Nagl [1; 129 f. u. Tafel].

Cod. Vindob. 3029
Aufgabensammlung aus der zweiten Hälfte des 15. Jhs.;
s. Kaunzner [1; 26].

Cod. Vindob. 4770
14. Jh.
174^{r}–324^{r}: *Das Quadripartitum des Johannes de Muris;*
205^{v}–209^{r}: ed. Nagl [Johannes de Muris 2; 143–146].

Cod. Vindob. 5277
16. Jh. (vgl. Curtze [6; 265, 290]).
2^{r}–33^{r}: *Tractatulus de arithmetica, quam Algebram seu Cossam vocant;*
41^{v}–47^{v}: Aus Leo de Balneolis: *De sinibus, chordis et arcubus, item instrumentum revelatore*, ed. Curtze [7; 372–380].

Cod. Vindob. phil. gr. 65
15. Jh.
126^{v}–140^{r}: Byzantinisches Rechenbuch mit gelösten Aufgaben, ed. Hunger/Vogel.

Cod. Cizensis (Zeitz/Sachsen)
Ende 14. Jh./Anfang 15. Jh. (vgl. Nikomachos [1; VI f.].

Colebrooke, Henry Thomas
1. *On Indian weights and measures.* Asiatic researches. 5 (1799) 91–109.
2. *Algebra with arithmetic and mensuration from the Sanscrit of Brahmegupta and Bháscara.* London 1817.
s. Bhaskara II [1], [3]; Brahmagupta [1].

Collins, John
* 1625 Wood-Eaton b. Oxford; † 1683 London. U. a. Seemann u. Mathematiklehrer; Mitgl. u. Sekretär der Royal Society.
An account concerning the resolution of equations in number. Philos. trans. 4 (1669) 929–934.

Columbia-Algorismus
Italienischer Codex aus dem 14. Jh. Hs. einst im Besitz von B. Boncompagni, jetzt in New York, Columbia University Library; ed. Vogel [24].
s. Buchanan-Cowley.

Columella, Lucius Iunius Moderatus
Lebte im 1. Jh. n. Chr.; aus Gades (Cádiz) Spanien; verfaßte unter Kaiser Claudius ein Werk über die Landwirtschaft „De re rustica".
De re rustica. Mit engl. Übers., ed. E. S. Forster und E. H. Heffner. Bd 1–3. London, Cambridge/Mass. 1948–1955.

Commandino, Federigo
* 1509 Urbino; † 1575 Urbino. Italienischer Arzt und Mathematiker; Übers. wichtiger griech. mathematischer Texte ins Lateinische.
s. Euklid [7].

Cotes, Roger
* 1682 Burbage/Leicestershire; † 1716 Cambridge. Mathematiker und Astronom; Prof. der Astronomie und Naturphilosophie in Cambridge; arbeitete zusammen mit Newton an der zweiten Auflage der „Philosophiae naturalis principia mathematica"; s. Newton [5].
Coutereels, Johan
* 16. Jh. Antwerpen; † 17. Jh. Dichter und Rechenmeister in Middelburg.
Het Konstigh Cyffer-Boeck. Vlissingen 1652. (Vorwort 1626.)
Couturat, Louis
s. Leibniz [4].
Craig, John
* in Schottland; † 1620. Arzt; Mitgl. des College of Physicians in London; Freund Tycho Brahes.
Cramer, Gabriel
* 1704 Genf; † 1752 Bagnols-sur-Cèze. Prof. d. Mathematik u. Philosophie an der Akademie zu Genf.
Introduction à l'analyse des lignes courbes algébriques. Genf 1750.
Crelle, August Leopold
* 1780 Eichwerder bei Wriezen; † 1855 Berlin. Geheimer Oberbaurat; Gründer des „Journal für die reine und angewandte Mathematik" (Crelle's Journal) 1826.
Sammlung mathematischer Aufsätze und Bemerkungen. Bd 1. Berlin 1821.
Crosby, H. Lamar
s. Bradwardine [2].
Crüger, Peter C.
* 1580 Königsberg; † 1639 Danzig. Mathematiker; Prof. der Poesie und der Mathematik am Gymnasium zu Danzig; Lehrer von Hevelius.
Praxis trigonometriae logarithmicae cum Logarithmorum Tabulis ad Triangula tam plena quam Sphaerica sufficientibus. Danzig 1634.
Crusius, David Arnold
Inspektor bei der lat. Schule des Waisenhauses zu Glaucha vor Halle.
Anweisung zur Rechenkunst, 3. Theil, worinnen die Handels- u. Wechselrechnungen. Halle 1749.
Curtius, Sebastian
Compendium arithmeticae oder kurtzes Schul-Rechenbuch. 8. Aufl. Nürnberg 1667.
Curtze, (Ernst Ludwig Wilhelm) Maximilian
* 1837 Ballenstedt; † 1903 Thorn. Lehrer am Gymnasium in Thorn.
1. *Ein Beitrag zur Geschichte der Algebra in Deutschland im 15. Jh.* [Aus dem Clm 14908]. Abh. Gesch. Math. 7 (1895) 31–74.
2. *Die Handschrift No. 14836 der Königl. Hof- und Staatsbibliothek zu München.* Abh. Gesch. Math. 7 (1895) 75–142.
3. *Mathematisch-historische Miscellen.* [Aus dem Clm 14684]. Bibl. math. (2) 9 (1895) 77–88.
4. *Zur Geschichte d. Übersetzungen der Elemente im MA.* Bibl. math. (2) 10 (1896) 1–3.
5. *Über eine Algorismushandschrift des 12. Jh.* Abh. Gesch. Math. 8 (1898) 1–27.
6. *Eine Studienreise. 1896. Zur Geschichte der Geometrie im Mittelalter.* Centralbl. f. Bibliothekswesen. 16 (1899) 257–306.
7. *Urkunden z. Geschichte d. Trigonometrie im christlichen MA.* Bibl. math. (3) 1 (1900) 321–416.
s. Abraham bar Ḫijja; Initius Algebras; Johannes de Sacro Bosco; al-Nayrīzī; Oresme [1]; Regiomontanus [3].
Czerny, Albin
Die Bibliothek des Chorherrnstiftes St. Florian. Linz 1874.
Czwalina, Arthur
s. Apollonios [2]; Archimedes [2].

Dagomari, Paolo
s. Paolo Dagomari.
Dandelin, Germinal Pierre
* 1794 Le Bourget; † 1847 Brüssel. Prof. für Bergbau in Lüttich; Offizier in der belgischen Armee.
Recherches sur la résolution des équations numériques. Nouv. mém. Acad. Brüssel 3 (1826) 7–71.
Darboux, Gaston
s. Fourier [1].
Datta, Bibhutibhusan
1. *Early literary evidence of the use of zero in India.* Amer. math. mon. 33 (1926) 449–454.
2. *The Hindu method of testing arithmetical operations.* J. a. proc. of the Asiatic Soc. of Bengal. New ser. 23 (1927) 261–267.
3. *The science of the Śulba. A study in early Hindu geometry.* Calcutta 1932.
Datta, B./Singh, A.N. [DS]
History of Hindu mathematics. A source book. Bd 1.2. (Lucknow 1935–1938.) 2. Aufl. Bombay [usw.] 1962.
Daviet de Foncenex
* 1734 Thonon/Savoyen; † 1799 Casale. General u. Mathematiker; Mitgl. der Akademie der Wiss. zu Turin.
1. *Reflexions sur les quantités imaginaires,* in: Miscellanea philosophico-mathematica Soc. Privatae Taurinensis. Bd 1. 1759, 113–146.

2. *Éclairissemens pour le mémoire sur les quantités imaginaires inséré dans le premier vol.*, in: Miscellanea Taurinensia. Bd 2. 1760/61, 337–344.

Day, Mary S.
s. Scheybl [2].

Debaune
s. Beaune.

Dechales, Claude François Milliet
* 1621 Lyon; † 1778 Turin. Jesuit; zuerst Missionar in d. Türkei, lehrte in versch. Städten Frankreichs Mathematik, auch Hydrographie u. Philosophie; zuletzt Prof. d. Math. in Turin.
Cursus seu mundus mathematicus. Bd 1–3. Lyon 1674.

Decker, Johann Georg
Vollständiges Rechenbuch zum Gebrauche für Lehrer in Real- und Volksschulen und zum Selbstunterrichte. 3. Aufl. Stuttgart 1848.

Dedekind, (Julius Wilhelm) Richard
* 1831 Braunschweig; † 1916 Braunschweig. Studierte bei Gauß in Göttingen, Prof. der Mathematik an der Techn. Hochsch. Braunschweig.
1. *Gesammelte mathematische Werke.* Ed. R. Fricke [u.a.] Bd 1–3. Braunschweig 1930–1932.
2. *Stetigkeit u. irrationale Zahlen.* Braunschweig (1872), 5. Aufl. 1927. (In [1; **3.** 1932, 315–334].) (6. Aufl. Braunschweig 1960.)
3. *Zur Theorie der aus n Haupteinheiten gebildeten Größen.* Nachrichten d. Kgl. Ges. d. Wiss. zu Göttingen. 1885, 141–159. In [1; **2.** 1931, 1–19].
4. *Brief an H. Weber vom 24. Jan. 1888*, in: [1; **3**, 488–490].
5. *Was sind u. was sollen die Zahlen.* Braunschw. 1888. In [1; **3**, 335–391].
s. Dirichlet.

Deimel, Anton
1. *Šumerische Grammatik der archaistischen Texte mit Übungsstücken (zum Selbstunterricht).* Rom 1924.
2. *Šumerisches Lexikon.* Teil 1. 3. Aufl. Rom 1947; Teil 2, Bd 1–4. Rom 1928–1933.

Delaporte, Louis Joseph
Tablettes de comptabilité chaldéenne. Z. f. Assyriologie. 18 (1904/05) 245–256.

De la Roche, Estienne
s. La Roche.

Delfino, Federigo (Delphinus, Federicus)
* 1477 Padua; † 1547 Padua. Arzt in Venedig; später Prof. der Astronomie an der Universität Padua. Bearbeitete die zweite Auflage von Beldomandis „Algorismus" (Venedig 1540).
s. Beldomandi [2].

Dell'Abbaco, Paolo
s. Paolo Dagomari.

Delphinus, Federicus
s. Delfino.

De Morgan, Augustus
On the early history of the signs + and –. Trans. Cambr. Philos. Soc. 11 (1871) 203–212.

Demotische Papyri
s. Parker.

Denzinger, Heinrich (Henricus)
Enchiridion symbolorum, definitionum et declarationum. 27. Aufl. Freiburg 1951.

Desberger, Franz Eduard
* 1786 München; † 1843 München. Prof. der Mathematik an der Universität München; Lehrer u. zuletzt Rektor der polytechnischen Schule in München.
Algebra oder die Elemente der mathematischen Analysis. München 1831.

Descartes, René
* 1596 La Haye/Touraine; † 1650 Stockholm. Philosoph und Mathematiker, vielseitiger Naturwissenschaftler; lebte in Holland, zuletzt in Stockholm.
1. *Oeuvres.* Ed. Ch. Adam u. P. Tannery. Bd 1–12. Paris 1897–1913.
2. *La geometrie.* Leiden 1637. [Faks. in: The geometry by R. Descartes, übers. u. ed. D.E. Smith u. M.L. Latham, London 1925. Nachr. New York 1954. (In [1; **6.** 1902, 367–486].)
3. *Geometrie.* Dt. Übers. von L. Schlesinger. 2. Aufl. Leipzig 1923.
4a. *Renati Des Cartes Geometria, Una cum notis Florimondi de Beaune.* Ed. Fr. à Schooten. Frankfurt a.M. 1695.
4b. *Renati Descartes Principia matheseos universalis, seu introductio ad geometriae methodum*, conscripta ab Er. Bartholino. Frankfurt a.M. 1695. [Beigedr. zu 4a.]
5. *Discours de la méthode pour bien conduire sa raison et chercher la vérité dans les sciences.* (Leiden 1637). In [1; **6.** 1902, 1–78].
6. *Regulae ad directionem ingenii*, in [1; **10.** 1908, 349–488].

Deubner, Fritz
Adam Ries, der Rechenmeister des deutschen Volkes. Z. Gesch. Naturw. Techn. Med. 1 (1960/62) H. 3. 11–44.

Deutsche Algebra
s. Codex Dresden C 80.

Dhruva, H.H.
Three land-grants from Sankheda, in: Epigraphia Indica. Ed. J. Burgess. Bd 2. Kalkutta 1894, 19–21.

Dick, Adolf
s. Martianus Mineus Felix Capella.

Dickson, Leonhard Eugene
History of the theory of numbers. Bd 1–3. Washington 1919–1923. Nachdr. New York 1952.
1. Divisibility of numbers. 1919;
2. Diophantine analysis. 1920;
3. Quadratic and higher forms. 1923.

Diels, Hermann
Fragmente der Vorsokratiker. 6. Aufl. Berlin-Grunewald 1951.
s. Simplikios [1].

Dietrich, Albert
Arabische Papyri aus der Hamburger Staats- und Universitätsbibliothek. Leipzig 1937. (= Abhandlungen f. d. Kunde des Morgenlandes. 22, Nr. 3.)

Dijksterhuis, Eduard Jan
Archimedes. Kopenhagen 1956. (= Acta hist. scient. naturalium et medicinalium. 12.)

Diogenes Laërtios
Lebte im 3. Jh. n. Chr.; Verf. einer Geschichte der griechischen Philosophie.

Diophant von Alexandria (Diophantos)
Griechischer Mathematiker um 250 n. Chr.; Biographie weitgehend unbekannt.
1. *Diophanti Alexandrini opera omnia cum Graecis commentariis*. Ed. P. Tannery. Bd 1.2. Leipzig 1893–1895.
2. *Diophanti arithmetica*. Übers. von Xylander [d.i. W. Holtzmann]. Basel 1575.
3. *Die Arithmetik und die Schrift über Polygonalzahlen*. Dt. Übers. von G. Wertheim. Leipzig 1890.
4. *Arifmetika i kniga o mnogougol'nych čislach*. Ed. I. N. Veselovskij und I. G. Bašmakova. Moskau 1974.
5. *The Arabic text of books IV to VII of Diophantus' Ἀριθμητικά in the transl. of Qusṭā ibn Lūqā*. Ed. mit Übers. u. Komm. von J. Sesiano. Diss. Providence/USA 1975.
s. Rashed [3].

Dirichlet, Gustav Peter Lejeune
* 1805 Düren; † 1859 Göttingen. Prof. der Mathematik in Breslau, an der Militärschule in Berlin u. der Univ. Göttingen (Nachfolger von Gauß).
Vorlesungen über Zahlentheorie. Ed. R. Dedekind. Braunschweig (1863), 4. Aufl. 1894.

Domninos von Larissa
* ca. 415; † 485. Stammte aus der syrischen Stadt Larissa; Philosoph und Mathematiker jüdischen Glaubens; Schüler des Syrianos; Zeitgenosse von Proklos.

Dorini, Umberto
s. Badoer.

Dreyer, John Louis Emil
s. Brahe.

DS
s. Datta/Singh.

DSB
Dictionary of scientific biography. Ed. Ch. C. Gillispie. Bd 1–14. New York 1970–1976.

Du Cange (Du Fresne, Charles)
Glossarium mediae et infimae Latinitatis. Bd 1–10. 1883–1887. Nachdr. Graz 1954.

Dümmler, Ernst Ludwig
Rhythmen aus der Carolingischen Zeit. Z. f. dt. Alterthum u. dt. Literatur. N.F. 11 (1879) 261–280.

Dürer, Albrecht
* 1471 Nürnberg; † 1528 Nürnberg. Bedeutender deutscher Zeichner und Maler des ausgehenden Mittelalters; Ingenieur.
Underweysung der messung, mit dem zirckel vnd richtscheyt, in Linien ebnen vnnd gantzen corporen. Nürnberg 1525.

Dugac, Pierre
Eléments d'analyse de Karl Weierstrass. Arch. hist. ex. sciences. 10 (1973) 41–176.

Dulaurens, François
Specimina mathematica duobus libris comprehensa. Paris 1667.

Dutens, Louis
s. Leibniz [7].

Dvivedī, Sudhākara
s. Āryabhaṭa II [1]; Bhāskara II [2]; Brahmagupta [2]; Śrīdhara [1]; Varāhamira [1].

Dyck, Walther von
s. Kepler [1].

Ebeling, Christoph Daniel
s. Bohn, G. Chr.

Ebert, Johann Jacob
s. Weidler.

Elfering, Kurt
Die Mathematik des Āryabhaṭa I. Text, Übers. aus dem Sanskrit u. Komm. München 1975.

Elia Misrachi
Die Arithmetik des Elia Misrachi. Dt. Übers. von G. Wertheim. 2. Aufl. Braunschweig 1896.

Empedokles
Wirkte im 5. Jh. v. Chr.; aus Akragas (Agrigent)/Sizilien; Naturphilosoph und Arzt.

Encyclopédie
Encyclopédie ou dictionnaire raisonnée des sciences des arts et des métiers. Publ. par Denis Diderot et Jean L. d'Alembert. Bd 1–17. Paris [sp.:] Neufchâtel 1751–1765.

Eneström, Gustaf
1. *Anfragen. Questions. Nr. 37.* Bibl. math. (2) 6 (1892) 32.
2. *Anfragen. Questions. Nr. 60.* Bibl. math. (2) 10 (1896) 96.
3. *Über die „Demonstratio Jordani de algorismo".* Bibl. math. (3) 7 (1906/07) 24–37.
4. *Kleine Mitteilungen zu Cantor 2: 410.* Bibl. math. (3) 7 (1906/07) 290.
5. *Über die Bezeichnung gewöhnlicher Brüche im christl. MA nach d. Einführung arabischer Ziffern.* Bibl. math. (3) 7 (1906/07) 308–309.
6. *Kleine Mitteilungen zu Cantor 2: 727.* Bibl. math. (3) 7 (1906/07) 392.
7. *Kleine Bemerkungen z. letzten Aufl. von Cantors „Vorlesungen über Geschichte d. Mathematik".* Bibl. math. (3) 11 (1910/11) 233–275.
8. *Das Bruchrechnen des Jordanus Nemorarius.* Bibl. math. (3) 14 (1913/14) 41–54.
9. *Kleine Mitteilungen zu Cantor 2: 66.* Bibl. math. (3) 14 (1913/14) 260.
10. *Kleine Mitteilungen. Nr. 124: Über zwei ältere Benennungen der fünften Potenz einer Größe.* Bibl. math. (3) 6 (1905/06) 324–325.
s. Euler; Gernardus [1], [2].

Engel, Friedrich
s. Euler [4].

Epicharmos
Lebte etwa von 550 bis 460 v. Chr. Sizilianer; Kommödiendichter, der hauptsächlich in Syrakus wirkte.

Epikur (Epikuros)
* 341 v. Chr. Samos; † 271 v. Chr. Athen. Philosoph; Begründer der epikureischen Schule in Athen.

Epstein, Paul
Die Logarithmenberechnung bei Kepler. Z. math. u. nat. Unterricht. 55 (1924) 142–151.

Eratosthenes
Wirkte im 3. Jh. v. Chr.; aus Kyrene; Leiter der Bibliothek in Alexandria; einer der vielseitigsten griechischen Wissenschaftler, besonders bekannt durch seine Bestimmung des Erdumfangs.

Erman, Adolf
Die Literatur der Ägypter. Leipzig 1923.

Ersenkatsi, Mkhitar
Armenischer Mathematiker. Hs. aus dem 14. Jh.

Estienne, Henri
s. Herodian.

Eudemos von Rhodos
Lebte in der zweiten Hälfte des 4. Jhs. v. Chr.; Schüler des Aristoteles; verfaßte Werke über die Geschichte und Kultur der Wissenschaften.

Eudoxos von Knidos
* ca. 400 v. Chr. Knidos; † ca. 347 Knidos. Griechischer Mathematiker, Astronom und Philosoph.

Euklid (Eukleides)
4./3. Jh. v. Chr. Griech. Mathematiker; studierte in Athen; wirkte in Alexandrien.
Wir zitieren so:
[El. 7, 23] bedeutet Elemente Buch 7, § 23.
[El. 5, Def. 4] bedeutet Elemente Buch 5, Definition 4.
[1; 5, 327] bedeutet Euklid Opera Bd 5, S. 327.
1. *Opera omnia.* Ed. J. L. Heiberg u. H. Menge. Bd 1–8 u. Suppl. Leipzig 1883–1916. Bd 1–5. Elementa (Buch 1–13). 1883–1888 (Bd 5 enth. auch: Scholia). Bd 6. Data. 1896. Bd 7. Optica. 1895. Bd 8. Phaenomena et scripta musica. 1916.
2. *Opus elementorum euclidis in geometriam artem.* Lat. Übers., aufgrund d. Übers. aus dem Arab. v. Adelard von Bath, von Campanus von Novara. Venedig (E. Ratdolt) 1482.
3. *Euclidis ... mathematicarum diciplinarum janitoris; habent in hoc volumine ... elementorum libros ...* Aus d. Griech. ins Lat. übers. von B. Zamberti. Venedig 1505.
4. *In sex priores libros geometricorum Euclidis demonstrationes.* Ed. O. Finé. Paris 1536.
5. *Arithmetica Euclidis teutsch.* Ed. J. Scheybl. Augsburg 1555.
6. *Die Sechs Erste Bücher Euclidis, vom Anfang oder grund der Geometrij.* Dt. Übers. von W. Holtzmann. Basel 1562.
7. *Euclidis elementorum libri XV.* Ed. F. Commandino. Pesaro 1572.
8. *Euclidis elementorum libri XV.* Ed. Chr. Clavius. Rom 1589.
9. *Teutsch redender Euclides oder Acht Bücher von den Anfängen der Meßkunst.* Übers. von A. E. B. von Pirckenstein. Wien 1694.
10. *S. Reyhers ... In Teutscher Sprache vorgestellter Euclides.* Kiel 1699.
11. *Die Elemente.* Nach Heibergs Text aus d. Griech. übers. u. ed. von C. Thaer. Bd 1–5. Leipzig 1933–1937. (= Ostwalds Klass. ex. Wiss. 235. 236. 240. 241. 243.)
s. Moody/Clagett; al-Nayrizi.

Euler, Leonhard
* 1707 Basel; † 1783 St. Petersburg. Prof. der Mathematik u. Physik; 1727 Ruf an die Petersburger Akademie; ab 1741 an der

Akademie d. Wiss. in Berlin; 1766 wieder in Petersburg.
Eneström, Gustav: Schriften Leonhard Eulers. = Jahresbericht DMV. Erg. bd 4. Leipzig 1910–1913. (Die Nummern dieses Verzeichnisses werden mit E . . . angegeben.)
1. *Opera omnia.* Hrsg. von der Schweiz. Naturforsch. Gesellsch. Ser. 1: Opera mathematica. Ed. F. Rudio, A. Krazer [u.a.] Bd 1–29. Leipzig u. Berlin [später u.] Basel, Zürich 1911–1956.
2. *Introductio in analysin infinitorum.* Bd 1. 2. (Lausanne 1748). E 101, 102. In [1; **8, 9**] ed. A. Krazer, F. Rudio, A. Speiser.
3. *Institutiones calculi differentialis.* (Petersburg 1755). E 212. In [1; **10**] ed. G. Kowalewski.
4. *Institutiones calculi integralis.* Bd 1–3. (Petersburg 1768–1770.) Bd 4 (Petersburg 1794.) E 432, 366, 385, 668–681. In [1; **11. 12. 13. 19**, 84–227. **23**, 230–294] ed. F. Engel, L. Schlesinger, A. Liapounoff [u.a.]
5. *Vollständige Anleitung zur Algebra.* Petersburg 1770. E 387. In [1; **1**, 1–498] ed. H. Weber. Auch ed. J.E. Hofmann. Stuttgart 1959. (= Reclams Univ.-Bibl. 1802–06/06 a–c.)
6. *De formis radicum aequationum cuisque ordinis coniectatio.* (Comm. Acad. Petrop. 6. (1732/33) 1738, 216–231.) E 30. In [1; **6**, 1–19] ed. F. Rudio [u.a.].
7. *Recherches sur les racines imaginaires des équations.* (Mém. Acad. Sc. Berlin 5. (1749) 1751, 222–288.) E 170. In [1; **6**, 78–147].
8. *De resolutione aequationum cuiusvis gradus.* Novi Comm. Acad. Sc. Petrop. 9. (1762/63) 1764, 70–98.) E 282. In [1; **6**, 170–196].
9. *Nouvelle méthode d'éliminer les quantités inconnues des équations.* (Mém. Acad. Sc. Berlin 20. (1764) 1766, 91–104). E 310. In [1; **6**, 197–211].
10. *Observationes analyticae.* (Opuscula analytica 1. 1783, 85–120). E 553. In [1; **15**, 400–434] ed. G. Faber.
11. *Leonh. Euler's vollst. Anleitung zur Integralrechnung.* Übers. von J. Salomon. Bd 1–4. Wien 1828–1830. E 342 A, 366 A, 385 A, 668 A–681 A.
12. *Problema algebraicum,* (in: Opera postuma 1. Petersburg 1862, 282–287). E 808. In [1; **6**, 494–503].
13. *De la controverse entre Mrs. Leibniz et Bernoulli sur les logarithmes des nombres negatifs et imaginaires.* (Mém. Acad. Sc. Berlin. 5 (1749) 1751, 139–179). E 168. In [1; **17**, 195–232] ed. F. Rudio, A. Krazer, P. Stäckel.

Eutokios von Askalon
* ca. 480 in Palästina. Griechischer Mathematiker; verfaßte Kommentare zu einigen Schriften des Archimedes und zu den ‚Kegelschnitten' des Apollonios.
s. Apollonios von Perge; Archimedes [1].

Evans, Allan
s. Pegolotti.

Ewald, Paul
Mitteilung 2: *Palaeographisches aus Spanien.* Neues Arch. d. Ges. f. Ältere Geschichtskunde. 8 (1883) 357–360.

Eysenhut, Johannes
Ein künstlich rechenbuch auf Zyffern, Lini und Wälschen Practica. Augsburg 1538. [Zit. nach Tropfke, Gesch. d. Elementarmathematik. 3. Aufl., Bd 1. 1930, S. 81, Fn. 423.]

Faber, Georg
s. Euler [10].

Falkenstein, Adam
Archaische Texte aus Uruk. = Ausgrabungen der Deutschen Forschungsgemeinschaft in Uruk-Warka. Bd 2, Leizpzig 1936.

al-Fazārī (Ibrāhīm b. Ḥabīb oder Muḥammad b. Ibrāhīm b. Ḥabīb)
Arabischer Astronom; wirkte im 8./9. Jh. unter al-Manṣūr bis vielleicht zur Zeit al-Ma'mūns; übersetzte den Brāhmasphuṭasiddhānta des Brahmagupta aus dem Sanskrit ins Arabische.

Fermat, Pierre de
* 1608 Beaumont de Lomagne b. Toulouse; † 1665 Castres b. Toulouse. Königlicher Rat am Parlament v. Toulouse; Privatstudien in Mathematik.
1. *Oeuvres de Fermat.* Ed. P. Tannery u. Ch. de Henry. Bd 1–5. Paris 1891–1922.
2. *Varia opera Petri de Fermati mathematica.* Ed. S. de Fermat. Toulouse 1679. Nachdr. Brüssel 1969.

Fermat, Samuel de
s. Fermat, Pierre de.

Ferrari, Ludovico
* 1522 Bologna; † 1565 Bologna. Ab 1536 im Dienste Cardanos; hielt mathem. Vorlesungen in Mailand u. Bologna.
s. Bortolotti [2].

Ferro, Scipione del
* um 1465 in Bologna; † 1526 Bologna. Lehrte Arithmetik und Geometrie.

Fettweis, Ewald
1. *Wie man einstens rechnete.* Leipzig u. Berlin 1923. (= Math.-phys. Bibl. 49).
2. *Das Rechnen der Naturvölker.* Leipzig 1927.

3. *Die Kugelrechenmaschine als Erbgut aus mutterrechtlicher Kultur.* Scientia 65 (1939) 273–281.

Fibonacci, Leonardo
s. Leonardo von Pisa.

Finé, Oronce (Finaeus, Orontius)
* 1494 Briançon; † 1555 Paris. Prof. d. Mathematik am Collège de France in Paris.
1. *Protomathesis.* Paris 1532.
2. *Arithmetica practica.* Paris 1535, 3. Aufl. 1542.
s. Euklid [4].

Finzi, Mordecai
s. Abū Kāmil [1].

Fior, Antonio Maria (Floridus)
Rechenmeister, Anfang des 16. Jhs.

Fischer, Ernst Gottfried
* 1754 Hoheneiche b. Saalfeld; † 1831 Berlin. Physiker u. Mathematiker; Lehrer am Pädagogium in Halle, dann am Gymnasium in Berlin; Prof. d. Physik an d. Universität Berlin u. Mitgl. der Akademie d. Wiss., Berlin.
1. *Rechenbuch für das gemeine Leben.* Bd 1.2. Berlin 1797.
2. *Lehrbuch der Elementarmathematik.* Bd 1–3. Berlin 1820–1843.

Fischer, Johann
Lebte im 16. Jh.; veröffentlichte 1549 ein Schulbuch für den Rechenunterricht, dessen Gebrauch an den Lateinschulen Sachsens Vorschrift war, s. Unger [25, 55]; ferner:
Ein künstlich Rechenbüchlein. Wittenberg 1559.

Fischer, Johann Carl
Anfangsgründe der reinen Mathematik. Jena 1792.

Fischer-Weltgeschichte
Fischer-Weltgeschichte. Bd 2: *Die Altorientalischen Reiche I. Vom Paläolithikum bis zur Mitte des 2. Jahrtausends.* Ed. E. Cassin [u.a.] Frankfurt a.M. 1965.

Folkerts, Menso
1. *„Boethius" Geometrie II. Ein mathematisches Lehrbuch des Mittelalters.* Wiesbaden 1970. (Boethius, Texte und Abh. zur Gesch. der exakten Wiss. 9).
2. *Mathematische Aufgabensammlungen aus d. ausgehenden MA. Ein Beitrag z. Klostermathematik des 14. u. 15. Jahrhunderts.* Sudhoffs Archiv 55 (1971) 1, 58–75.
3. *Pseudo-Beda: De arithmeticis propositionibus. Eine mathematische Schrift aus der Karolingerzeit.* Sudhoffs Archiv. 56 (1972) 22–43.
4. *Die älteste mathematische Aufgabensammlung in lat. Sprache: Die Alkuin zugeschriebenen Propositiones ad acuendos iuvenes.* Wien 1977. (= Österr. Ak. der Wissenschaften, math.-naturwiss. Kl.-Denkschriften. Bd 116, Abh. 6).

Foncenex, Daviet de
s. Daviet de Foncenex.

Fort, Ludwig
Kleines kaufmännisches Wörterbuch. 2. Aufl. Quedlinburg u. Leipzig 1854.

Fourier, Jean Baptiste Joseph
* 1768 Auxerre; † 1830 Paris. Französischer Physiker u. Mathematiker; führte ein politisch bewegtes Leben; begleitete Napoleon auf seiner Reise nach Ägypten; Sekretär der Académie Française.
1. *Oeuvres de Fourier.* Ed. G. Darboux. Bd 12. Paris 1888–1890.
2. *Question d'analyse algébrique.* Bulletin des sciences par la Société Philomatique. 1818, 61–67. In [1; **2**, 243–253].
3. *Analyse des équations déterminées.* Paris 1831.
4. *Die Auflösung der bestimmten Gleichungen.* Dt. Übers. [von 3] v. A. Loewy. Leipzig 1902. (= Ostwalds Klass. ex. Wiss. 127).

Francesca
s. Piero della Francesca.

Frank, Carl
Straßburger Keilschrifttexte in sumerischer und babylonischer Sprache. Berlin u. Leipzig 1928.

Frege, (Friedrich Ludwig) Gottlob
* 1848 Wismar; † 1925 Bad Kleinen. Mathematiker und Logiker; ab 1879 Prof. an der Univ. Jena.
Die Grundlagen der Arithmetik. Breslau 1884. Nachdr. Darmstadt 1961.

Freudenthal, Hans
Y avait-il une crise de fondements des mathématiques dans l'antiquité? Bull. Soc. Math. Belgique. 18 (1966) 43–55.

Fricke, Robert
s. Dedekind [1].

Fridericus (Gerhart, Friedrich)
† nach 1463 (an der Pest). Gelehrter Benediktinermönch des Klosters St. Emmeram; Mathematiker, Astronom u. Geograph; schrieb zwischen 1445 und 1464 zahlreiche Hss. (s. z. B. Clm 14783), darunter eine Algebra von 1461 (vgl. Curtze [1]); ferner verfaßte er eine Bearbeitung des AR (Text B, Clm 14908), die eine Kompilation aus dem Text des AR im Cod. Florianus XI. 619, aus weiteren Aufgaben und Notizen desselben Cod. Flor. und aus anderen, bisher nicht identifizierbaren Quellen darstellt.

Friedlein, Gottfried
1. *Gerbert's Regeln der Division.* Z. Math. Phys. 9 (1864) 145–171.

2. *Die Zahlzeichen und das elementare Rechnen der Griechen und Römer des christlichen Abendlandes vom 7. bis 13. Jh.* Erlangen 1869.
s. Boetius; Pediasimus; Proklos; Victorius von Aquitanien.

Friedrich II. von Hohenstaufen
* 1194 Jesi b. Ancona; † 1250 Fiorentino. König von Sizilien u. Jerusalem; deutscher Kaiser (1212–1250). Er zog viele Gelehrte an seinen Hof, kannte und schätzte Leonardo von Pisa (Zusammenkunft 1225 in Pisa), der ihn in mehreren seiner Werke anredet [1; 2, 227, 253]. Friedrich, sehr interessiert an Naturwissenschaften, verfaßte ein Buch über die Falkenjagd („De arte venandi cum avibus"), das in seiner Zeit einzigartig ist.

Fritz, Kurt von
The discovery of incommensurability by Hippasus of Metapontum. Annals of mathematics. 46 (1945) 242–264. Dt.: *Die Entdeckung der Inkommensurabilität durch Hippasos von Metapont,* in: Zur Geschichte der griechischen Mathematik. Ed. O. Becker. Darmstadt 1965, 271–307.

Frobenius, Georg Ferdinand
* 1849 Berlin; † 1917 Berlin. Mathematiker; Prof. an d. Universität Zürich, später Berlin.
1. *Gesammelte Abhandlungen.* Ed. J. P. Serre. Bd 1–3. Berlin, Heidelberg, New York 1968.
2. *Über lineare Substitutionen u. bilineare Formen.* (J. reine u. angew. Math. 84 (1878) 1–63). In [1; 1, 343–405].
3. *Zur Theorie der linearen Gleichungen.* (J. reine u. angew. Math. 129 (1905) 175–180). In [1; 3, 349–354].

Frolov, Boris Alekseevič
Čisla v grafike paleolita. [Die Zahlen in der Grafik der Jungsteinzeit. Russ.] Novosibirsk 1974.

Frontinus, Sextus Julius
* um 40 n. Chr.; um 103 [Rom?]. War Prätor im Jahre 70, in den Jahren 73, 98 und 100 Konsul, 97 Kurator über die Wasserleitungen in Rom; 73–77 Statthalter in Britannien, später in Asien; schrieb über Feldmesskunst und Kriegswesen und die Wasserversorgung der Stadt Rom („De aquis urbis Romae").

Furumark, Arne
Ägäische Texte in griechischer Sprache. Eranos. 51 (1953) 103–120; 52 (1954) 18–60.

Fuss, Paul H.
Correspondance mathématique et physique de quelques célèbres géomètres du XVIIIème siècle. Bd 1.2. St. Petersburg 1843.

Ǧābir ibn Ḥaiyān (Abū Mūsā Ǧābir ibn Ḥaiyān al-Azdī)
Wirkte um 776 in Kūfa; im Mittelalter als Alchemist Geber bekannt.
s. Ruska [3].

al-Ǧaiyānī (Abū ᶜAbdallāh Muḥammad b. Yūsuf b. Muᶜād al-Ǧaiyānī al Qāḍī)
† nach 1079.
Commentary on ratio, in: Ploij [15–47].

Galilei, Galileo
* 1564 Pisa; † 1642 Arcetri. Physiker, Astronom; Prof. in Pisa, Padua, Florenz.
1. *Discorsi e dimostrazioni matematiche intorno a due nuove scienze attenenti alla meccanica e i movimenti locali.* Leiden 1638.
2. *Unterredungen und mathematische Demonstrationen über zwei neue Wissenszweige, die Mechanik und die Fallgesetze betreffend.* Dt. Übers. [von 1] von A. [J.] v. Oettingen. Leipzig 1890–1891. (= Ostwalds Klass. ex. Wiss. 11. 24. 25). Nachdr. Darmstadt 1964.

Galois, Evariste
* 1811 Bourg-la-Reine; † 1832 Paris (nach einem Duell). Begründer der Galois-Theorie.
1. *Oeuvres mathématiques.* (Paris 1897). Ed. G. Verbiest. Paris 1951.
2. *Écrits et mémoires mathématiques d'Evariste Galois.* Ed. R. Bourgne, J. P. Azra. Paris 1962.

Gandz, Solomon
1. *The origin of the term "Algebra".* Amer. math. mon. 33 (1926) 437–440.
2. *Did the Arabs know the Abacus?* Amer. math. mon. 34 (1927) 308–316.
3. *The knot in Hebrew literature, or from the knot to the alphabet.* Isis. 14 (1930) 189–214.
4. *The sources of al-Khowārizmī's Algebra.* Osiris. 1 (1936) 263–277.
5. *The algebra of inheritance.* Osiris. 5 (1938) 319–391.
6. *Studies in Hebrew astronomy and mathematics.* Ed. S. Sternberg. New York 1970.
s. Immanuel ben J. Bonfils.

Gaṇeśa
Indischer Astronom des 16. Jhs.; schrieb einen Kommentar zu Bhāskara II.

Gāṅguli, Sāradākānta
Notes on Indian mathematics. Isis. 12 (1929) 132–145.

Gardiner, Alan H.
Egyptian grammar. (Oxford 1927). 3. Aufl. London 1957.

Gardiner, William
Tables of logarithms, for all numbers from 1 to 102 100; and for the sines and tangents . . . with other useful and necessary tables. London 1742.

Gardthausen, Victor
Die römischen Zahlzeichen. Germanisch-romanische Monatsschrift. 1 (1909) 401–405.

Gauß, Carl Friedrich
* 1777 Braunschweig; † 1855 Göttingen. Prof. der Astronomie und Direktor der Sternwarte Göttingen.
1. *Werke.* Bd 1–12. 2. Abdruck. Göttingen (Leipzig, Berlin) 1870–1938. Nachdr. Hildesheim, New York 1973.
2. *Disquisitiones arithmeticae.* Leipzig 1801. In [1; **1**].
3. *Untersuchungen über höhere Arithmetik.* Dt. Übers. [von 2] v. H. Maser. Berlin 1889. Nachdr. Darmstadt o.J. und New York 1965
4. *Theoria residuorum biquadraticorum, commentatio secunda.* 1831. (= Commentationes Societatis Regiae Scientiarum Gottingensis recentiores. 7). In [1; **2**, 93–148].
5. Anzeige der Arbeit: *Theoria residuorum biquadraticorum, commentatio secunda.* Göttingische gelehrte Anzeigen vom 23. Apr. 1831. In [1; **2**, 169–178].
6. *Die vier Gauss'schen Beweise für die Zerlegung ganzer algebraischer Functionen in reelle Factoren ersten u. zweiten Grades.* Ed. E. Netto. 2. Aufl. Leipzig 1904. (= Ostwalds Klass. ex. Wiss. 14).
7. *Demonstratio nova theorematis omnem functionem algebraicam rationalem integram.* Helmstedt 1799. In [1; **3**, 1–30].
8. *Demonstratio nova altera. theorematis . . .* Göttingen 1816. (= Commentationes Soc. Reg. Scient. Gott. recentiores. 3). In [1; **3**, 31–56].
9. *Theorematis de resolubilitate functionum algebraicarum integrarum . . . demonstratio tertia.* Göttingen 1816. (= Commentationes . . . 3). In [1; **3**, 57–64].
10. *Beweis eines algebraischen Lehrsatzes.* Berlin 1828. J. reine u. angew. Math. 3 (1828) 1–4. In [1; **3**, 65–70].
11. *Beiträge zur Theorie der algebraischen Gleichungen.* Göttingen 1850. (= Abh. K. Ges. Wiss. Gött. 4). In [1; **3**, 71–102].
Briefe, Notizen usw. werden nach der Stelle in den ges. Werken zitiert.
s. Wagner.

Gehrl, Georg
Ein Nützlich und Kunstlich Rechenbuch auff der Federn. Prag 1577.

Gellibrand, Henry
* 1597 London; † 1637 London. Prof. der Astronomie am Gresham College in London.
s. Briggs [4].

Geminos von Rhodos
Griechischer Mathematiker, Astronom und stoischer Philosoph, um 70 v. Chr.
Elementa astronomiae. Ed. C. Manitius. Leipzig 1898.

Gemma Frisius, Reinerus
1508 Dokkum/Niederl.; † 1555 Löwen/Belgien. Arzt; seit 1541 Prof. d. Medizin an d. Universität Löwen; betrieb mathematische u. geographische Studien.
Arithmeticae practicae methodus. Paris 1545.

Genocchi, Angelo
Differentialrechnung und Grundzüge der Integralrechnung, ed. G. Peano. Dt. Übers. von O. Bohlmann und A. Schepp. Leipzig 1899.

Geometria Culmensis
s. Mendthal.

Georg von Peurbach
s. Peurbach.

Georg von Ungarn (Georgius de Hungaria; Georgevič, Bartolomej)
Geistlicher; wahrscheinlich ungarischer Abstammung.
Arithmeticae summa tripartita. (Ersch. in d. Niederlanden 1499). Nachdr., ed. A. J. E. M. Smeur. Nieuwkoop 1965. (= Dutch classics on history of science. 14.)

Georgios Pachymeres
s. Pachymeres.

Gerbert von Aurillac (Sylvester II. Papa)
* ca. 945 in d. Auvergne/Frankr.; † 1003 Rom. Studierte unter Arabern in Sevilla u. Cordova; Erzbischof zu Reims u. Ravenna; Lehrer von Kaiser Otto III; seit 999 Papst Sylvester II.
1. *Oeuvres de Gerbert.* Ed. A. Olleris. Clermont-Ferrand 1867.
2. *Gerberti postea Silvestri II papae opera mathematica.* Ed. N. Bubnov. Berlin 1899. Nachdr. Hildesheim 1963.

Gerhard von Cremona (Gherardo Cremonese)
* um 1114 Cremona; † 1187 Toledo. Italienischer Gelehrter, der lange in Spanien lebte; übersetzte zahlreiche griech. u. arab. Autoren aus dem Arabischen ins Lateinische.
s. al-Ḫwārizmī [3]; al-Nayrīzī.

Gerhardt, Carl Immanuel
1. *Über die Entstehung und Ausbreitung des dekadischen Zahlensystems.* Programm Gymn. Salzwedel 1853.
2. *Geschichte der Mathematik in Deutschland.* München 1877.
3. *Leibniz über die Determinanten.* Sitzungsber. Preuß. Ak. Wiss. Berlin. 1891, 1, 407–423.
s. Leibniz [1], [2], [3]; Maximos Planudes [1].

Gerhart, Friedrich
s. Fridericus.

Gericke, Helmuth
Geschichte des Zahlbegriffs. Mannheim, Wien, Zürich 1970. (= B-I-Hochschulta-

schenbücher. 172/172 a.)
s. Stevin [4]; Viète [12].

Gernardus
Lebte in d. ersten Hälfte des 13. Jahrh.; Zeitgenosse von Jordanus Nemorarius.
1. *Der „Algorithmus de integris" des Meisters Gernardus.* Ed. G. Eneström. Bibl. math. (3) 13 (1912/13) 289–332.
2. *Der „Algorismus de minutiis" des Meisters Gernardus.* Ed. G. Eneström. Bibl. math. (3) 14 (1913/14) 99–149.

Gerstinger, Hans/Vogel, K.
Eine stereometrische Aufgabensammlung im Papyrus Graecus Vindobonensis 19996, in: Mitteilungen aus der Papyrus-Sammlung der Nationalbibliothek in Wien. Neue Ser., Folge 1. Griech. lit. Papyri I. Wien 1932, 11–76.

Geyger (Gyger, Geigger), Philipp
* 1569; † 1623. Rechenmeister in Zürich u. einige Jahre in Glarus; Verf. vieler mathem. Schulschriften.
Grundtliche und ordenliche Erklerung deß newen und kunstreychen Rechentisches. Zürich 1609.

Ghaligai, Francesco
* 1490 [?]; † 1536. Florentiner Mathematiker.
Summa de arithmetica. Florenz 1521. [Spätere Aufl. u. d.T.: Pratica d'arithmetica.]

Gherardo Cremonese
s. Gerhard von Cremona.

Ghetaldi (Getaldič), Marino
* 1566 (1568?) Ragusa (heute Dubrovnik); † 1625 Ragusa. Mathematiker, der viele Reisen unternahm; geriet in Rom unter den Einfluß von Christoph Clavius; lernte in Paris Viète kennen, dessen „De numerosa potestatum" (s. Viète [7]) er dort im Jahre 1600 herausgab.

Ghirshman, R.
Une tablette proto – élamite du plateau iranien. Revue d'assyriologie. 31 (1934) 115–119.

Gieswald [Dr.]
1. *Justus Byrg als Mathematiker und dessen Einleitung in seine Logarithmen.* Progr. St. Johannis-Schule Danzig 1856.
2. *Zur Geschichte und Literatur der Logarithmen.* Arch. Math. Phys. 26 (1856) 316–334.

Gillings, Richard J.
Mathematics in the time of the Pharaohs. Cambridge/Mass., London 1972.

Gillispie, Charles Coulston
s. DSB.

Ginzel, Friedrich Karl
Handbuch der mathematischen und technischen Chronologie. Bd 1. Leipzig 1906.

Giovanni de Danti
Lebte um 1370; aus Arezzo (vgl. D.E. Smith [6; **2**, 71]).

Giovanni del Sodo
Um 1500; Lehrer Ghaligais; verfaßte eine Algebra (vgl. Ghaligai [71]).

Girard, Albert
* 1595 Saint-Mihiel; † 1632 Leiden. Mathematiker.
1. *Tables de sinus, tangentes et secantes, selon le raid de 10000 parties.* Den Haag 1626.
2. *Invention nouvelle en l'algèbre.* Amsterdam 1629. Nachdr. Leiden 1884.

Glaisher, J. W. L.
s. Report.

Glanville, S. R. K.
1. *The mathematical leather roll in the British Museum.* J. Egypt. archeology. 13 (1927) 232–239.
2. *Weights and balances in ancient Egypt.* London 1935. (= Royal Institution of Great Britain.-Weekly Evening Meeting. Nov. 8, 1935).

Glareanus, Henricus (Loritus oder **Loreti, Heinrich)**
* 1488 Mollis/Kt. Glarus; † 1563 Freiburg i. Br. Humanist, Musiktheoretiker u. vielseitiger Naturwissenschaftler; lehrte in Basel, Paris u. Freiburg.
De VI arithmeticae practicae speciebus. Freiburg 1539.

Glaser, Anton
History of binary and other nondecimal numeration. Southampton/Pa. 1971.

Goethe, Johann Wolfgang von
Faust I. = Werke, Sophienausg. (1. Abt.) Bd 14. Weimar 1887.

Goetsch, H.
Die Algebra der Babylonier. Arch. hist. ex. sciences. 5 (1968–69) 79–153.

Goetsch (Götsch), Johann David
Schreib- und Rechenmeister in Nürnberg.
Mercatorische Practica. Nürnberg 1664.

Gokhale, Shobhana Laxman
Indian numerals. Poona 1966.

Goldbach, Christian
* 1690 Königsberg; † 1764 Moskau. Mathematiker; erster Konferenzsekretär der neu gegründeten Akademie in Petersburg (1725–1728), Erzieher Peter II. in Moskau, später wieder in Petersburg im Dienste der Akademie u. des Amtes für auswärtige Angelegenheiten; korrespondierte u.a. mit Leibniz, Daniel Bernoulli und vor allem Leonhard Euler.

Goldstine, Herman H.
A history of numerical analysis from the 16th *through the* 19th *century.* New York, Heidelberg, Berlin 1977.

Gotlieb, Joann
Ein Teutsch verstendig Buchhalten. Nürnberg 1531. [Zit. nach Kheil [74 f.].]

Gräffe, Karl Heinrich
* 1799 Braunschweig; † 1873 Zürich. Prof. für Mathematik in Zürich.
Die Auflösung der höheren numerischen Gleichungen. Zürich 1837.

Grammateus, Henricus (Schreyber, Heinrich)
* vor 1496 (1492 [?]) Erfurt; † Winter 1525/26 Wien. Mathematiker der Wiener Schule.
1. *Ein new künstlich behend Rechenbüchlin, uff alle Kauffmanschafft.* Wien (1518) 1544.
2. *Algorithmus de integris.* Erfurt 1523.
s. Inoue; Müller, Chr. Fr.

Grant, Edward
s. Oresme [2], [3].

Grasberger, Lorenz
Studien zu den griechischen Ortsnamen. Würzburg 1888.

Graßmann, Hermann Günther
* 1809 Stettin; † 1877 Stettin. Gymnasiallehrer für Mathematik und Religion.
1. *Die lineare Ausdehnungslehre, ein neuer Zweig der Mathematik.* Leipzig 1844.
2. *Die Ausdehnungslehre, vollst. u. in strenger Form bearb.* Berlin 1862.

Gravelaar, N. L. W. A.
John Napier's Werken. Amsterdam 1899. (= Verhandelingen der K. Akademie van Wetenschappen te Amsterdam (Sect. 1) 6, Nr. 6.)

Gregorius a Santo Vincentio
* 1584 Brügge; † 1669 Gent. Mathematiker, Astronom, Priester; Jesuit; studierte bei Chr. Clavius in Rom; wirkte u.a. in Löwen, Prag, Gent.
Opus geometricum quadraturae circuli et sectionum coni. Antwerpen 1647.

Gregory, James
* 1638 Drumoak b. Aberdeen; † 1675 Edinburgh. Prof. f. Math. in St. Andrews/Schottl., dann in Edinburg.
Exercitationes geometricae. London 1668.

Gridgeman, N. T.
John Napier and the history of logarithms. Scripta math. 29 (1973) 49–65.

Griechische Anthologie
s. Anthologia Graeca.

Griffith, Francis Llewellyn
Notes on Egyptian weights and measures. Proc. Soc. Biblical Archaeology. 14 (1892) 403–450; 15 (1893) 301–315.

Grimm, Jacob und Wilhelm
Deutsches Wörterbuch. Bd 1–16. Leipzig, ersch. zwischen 1854 und 1960.

Grüson (Gruson), Johann Philipp
* 1768 Neustadt-Magdeburg; † 1857 Berlin. Prof. der Mathematik am Kadettencorps in Berlin. Mitgl. der Preuß. Akademie der Wiss.
Grundriß der reinen u. angewandten Mathematik. Bd 1: Arithmetik. Halle 1799.

Grunert, Johann August
s. Klügel [2].

Günther, Siegmund
Geschichte des mathematischen Unterrichts im deutschen Mittelalter bis zum Jahre 1525. Berlin 1887. (= Monumenta Germaniae paedagogica. 3.)

Gunter, Edmund
* 1581 Hertfordshire; † 1626 London. Mathematiker; 1619–1626 Prof. der Astronomie am Gresham-College in London; Freund von Briggs und Ougthred.
Canon triangulorium. London 1620.

Haaften, M. van
Ce n'est pas Vlack, en 1628, mais de Decker, en 1627, qui a publié le premier, une table de logarithmes étendue et complète. Nieuw Archief voor wiskunde. (2) 15 (1928) 49–54.

Haase, Carl
s. Hofmann, J. E. [3].

Ḥabaš al-Ḥāsib (Aḥmad ibn ᶜAbdallāh al-Marwazī Ḥabaš al-Ḥāsib)
† zwischen 864 und 874. Astronom; wirkte in Bagdad unter al-Ma'mūn und al-Muᶜtaṣim.

Hänel, Christian Friedrich
1. *Gedanken über die Handlung und Münzwesen.* Chemnitz 1777.
2. *Wohlerfahrner Kaufmann.* Münster und Leipzig 1782.

Hagen, Hermann
Antike und mittelalterliche Raethselpoesie. Biel 1869.

al-**Ḥaǧǧaǧ (al-Ḥaǧǧaǧ ibn Yūsuf ibn Maṭar)**
Wirkte zwischen 786 und 833, wahrsch. in Bagdad. Arabischer Mathematiker, der erstmals Euklids „Elemente" u. den „Almagest" ins Arabische übersetzte.

al-**Hā'im**
s. Ibn al-Hā'im.

al-**Haiṯam**
s. Ibn al-Haiṯam.

Halāyudha
Indischer Mathematiker, im 10. Jh.; kommentierte Piṅgalas Chandaḥ-sūtra.

Halberstam, H.
s. Hamilton [1].

Halley, Edmond
* 1656 [?] Haggerston bei London; † 1743 Greenwich. „Astronomer Royal" der Sternwarte Greenwich ab 1720.
Methodus Nova, Accurata et facilis inveniendi Radices Aequationum quarum

cumque generaliter, sine praevia Reductione. Philos. trans. 18 (1694) 136–148.

Hallikān
s. Ibn Hallikān.

Hamilton, William Rowan
* 1805 Dublin; † 1865 Dunsink b. Dublin. Prof. d. Astronomie an der Univ. Dublin; Präsident der Royal Irish Academy.
1. *The mathematical papers.* Bd 3: Algebra. Ed. H. Halberstam and R. E. Ingram. Cambridge 1967.
2. *Theory of conjugate, or algebraic couples; with a preliminary and elementary essay on algebra as the science of pure time.* (Trans. R. Irish Acad. 17 (1837) 293–422.) In [1; 3, 3–100].
3. *Researches respecting quaternions first series.* (Trans. R. Irish Acad. 21 (1848) 199–296). In [1; 3, 159–226].

Hammer, Franz
1. *Die logarithmischen Schriften Keplers,* in: Kepler [1; 9, Nachbericht, 461–483].
2. *Nachbericht* [zu Tabulae Rudolphinae], in: Kepler [1; 10, Nachber.].

Handbuch
Handbuch für Kaufleute, vermöge dessen man auf eine sehr leichte Art wissen kann, wie viel ein Pfund Caffee und ein Pfund roher Zucker . . . von Bordeaux, Nantes und Havre de Grace in Hamburg und Amsterdam zu stehen kommt. Frankfurt 1786.

Handlungsbuch
Das Handlungsbuch der Holzschuher in Nürnberg von 1304–1307. Ed. A. Chroust u. H. Prösler. Erlangen 1934. (= Veröffentlichungen d. Gesellschaft f. Fränkische Geschichte. R. 10, 1.)

Handwörterbuch
Handwörterbuch der Sozialwissenschaften. Ed. E. v. Beckerath [u.a.] Bd 11. Göttingen 1961.

Hankel, Hermann
* 1839 Halle; † 1873 Schramberg b. Tübingen. Prof. der Mathematik an den Univ. Leipzig, Erlangen und Tübingen; beschäftigte sich mit Geschichte der Mathematik.
1. *Theorie der complexen Zahlensysteme.* Leipzig 1867.
2. *Zur Geschichte der Mathematik in Alterthum und Mittelalter.* Leipzig 1874. Nachdr. Hildesheim 1965.

Harriot, Thomas
* 1560 [?] Oxford; † 1621 Sion House b. Ilseworth/Surrey. Englischer Mathematiker; vermaß im Auftrage von Sir W. Raleigh die Kolonie Virginia.
Artis analyticae praxis ad aequationes algebraicas resolvendas. Ed. W. Warner. London 1631.
s. Lohne; Tanner.

Harris, John
* ca. 1666 Shropshire [?]; † 1719 Norton Court. Englischer Geistlicher; Mitgl., Sekretär u. Vizepräsident der Royal Society.
Lexicon technicum: or, an universal English dictionary of arts and sciences. Bd 1.2. (London 1704.)
Bd 1. 4. Aufl. London 1725; Bd 2. 2. Aufl. London 1723.

Harsdörffer, Georg Philipp
* 1607 Fischbach; † 1658 Nürnberg. Rat der Stadt Nürnberg; bereiste Holland, England, Frankreich und Italien.
Delitiae (Deliciae) mathematicae et physicae. Der Mathematischen und Philosophischen Erquickstunden . . . Theil. Bd 2.3. Nürnberg 1651–1653 [und] Nürnberg 1677–1692. [Die Seitenzahlen stimmen in d. beiden Ausgaben überein].
Bd 1 s. Schwenter [2].

Hartner, Willy
Zahlen und Zahlensysteme bei Primitiv- und Hochkulturvölkern (Paideuma. 2, H. 6/7. 1943), in: Hartner: Oriens-Occidens. Ausgew. Schriften zur Wissenschafts- u. Kulturgesch. Festschr. z. 60. Geb. Hildesheim 1968 (= Collectanea. 3.), 57–116.

al-Ḥasan (al-Ḥasan ibn al-Ḥusain al-Marwazī)
Persischer Mathematiker um 1216; erwähnt bei Suter [5; 117].

al-Ḥaṣṣār (Abū Zakarīyā [oder: Abū Bakr] **Muḥammad ibn ᶜAbdallāh al-Ḥaṣṣār** [oder: Ḥāṣir])
Westarabischer Mathematiker des 12./13. Jh.
s. Codex Gotha 1489; Suter [3].

Hasse, Helmut
s. Steinitz.

Hasse, Helmut/Scholz, H.
Die Grundlagenkrisis der griechischen Mathematik. Charlottenburg 1928.

al-Ḫayyām, ᶜOmar (Abū al-Fatḥ ᶜUmar ibn Ibrāhīm al-Ḫayyāmī Ġiyāṯ al-Dīn; pers.: **ᶜOmar Ḫayyām)**
* 1048 [?] Nishapur; † 1131. Persischer Mathematiker, Astronom und Dichter.
1. *L'algèbre d'Omar Alkhayyāmi.* Arab. u. franz., ed. F. Woepcke. Paris 1851.
2. *The algebra of ᶜUmar Khayyām.* Engl. Übers. [von 1] v. H. J. J. Winter u. W. ᶜArafat. J. R. Asiatic Soc. Bengal. Science. 16, 1 (1950) 27–77.
3. *Traktaty.* [Abhandlungen.] Arab. Faks. u. russ. Übers., ed. B. A. Rozenfeld' und A. P. Juškevič. Moskau 1961.
4. *A paper of Omar Khayyam.* Engl. Übers. von Ali R. Amir-Moéz. Scripta math. 26 (1963) 323–337.

al-Ḫāzinī (Abū al-Fatḥ ᶜAbd al-Raḥmān al-Manṣūr al-Ḫāzinī)
Wirkte um 1115–1121; griechischer Sklave, in Merw erzogen; Verf. berühmter astronomischer Tafeln und eines Werkes über Physik.

Heath, Thomas Little
1. *Aristarchos of Samos, the ancient Copernicus. A history of Greek astronomy to Aristarchus, together with Aristarchus's Treatise on the sizes and distances of the sun and moon.* Griech. Text, engl. Übers. u. Anm. Oxford 1913.
2. *A history of Greek mathematics.* Bd 1. 2. Oxford 1921.

Heckscher, A.
s. Huygens [4].

Hee, L. von
s. Vanhée.

Heiberg, Johann Ludwig
1. *Byzantinische Analekten.* Abh. Gesch. Math. 9 (1899) 161–174.
2. *Mathematisches zu Aristoteles.* Abh. Gesch. Math. 18 (1904) 1–49.
3. *Mathematici Graeci minores.* Kopenhagen 1927. (= Kgl. Danske Vid. Selsk.-Hist.-fil. Meddelelser. 13, 3.)
4. *Anonymi logica et quadrivium cum scholiis antiquis.* Kopenhagen 1929. (= Kgl. Danske Vid. Selsk.-Hist.-fil. Meddelelser. 15, 1.)
s. Apollonios von Perge [1]; Archimedes [1], [2]; Euklid [1]; Heron von Alexandria; Ptolemaios [1]; Tannery [1].

Heichelheim, Fritz
Wirtschaftliche Schwankungen der Zeit von Alexander bis Augustus. Jena 1930. (= Beiträge z. Erforschung der wirtschaftl. Wechsellagen. Aufschwung, Krise, Stokkung. 3.)

Heine, Eduard Heinrich
* 1821 Berlin; † 1881 Halle. Studierte u.a. bei Gauß in Göttingen; Prof. der Math. an der Univ. Halle.
Die Elemente der Functionenlehre. J. reine u. angew. Math. 74 (1872) 172–188. Darin: G. Cantors Theorie der Irrationalzahlen.

Heinsius, Elli
s. Kretschmer/Heinsius.

Heisenberg, August
Grabeskirche und Apostelkirche; zwei Basiliken Konstantins. Untersuchungen zur Kunst und Literatur des ausgehenden Altertums. Teil 2: Die Apostelkirche in Konstantinopel. Leipzig 1908.

Heller, Bruno
Grundbegriffe der Physik im Wandel der Zeit. Braunschweig 1970.

Heller, Siegfried
Ein Beitrag zur Deutung der Theodorosstelle in Platons Dialog „Theaetet". Centaurus 5 (1956) 1–58.

Helmholtz, Hermann Ludwig Ferdinand von
* 1821 Potsdam; † 1894 Berlin. Prof. d. Physiologie an den Univ. Königsberg, Bonn u. Heidelberg; Prof. d. Physik an der Univ. Berlin; Arbeiten aus der Hydrodynamik, Elektrodynamik.
Zählen und Messen, erkenntnistheoretisch betrachtet, in: Philosophische Aufsätze. E. Zeller gewidm. Leipzig 1887. Nachdr. Darmstadt 1959.

Henry, Charles
s. Fermat [1]; O'Creat.

Hérigone, Pierre
† ca. 1643. Mathematiker in Paris.
Cursus mathematicus. (Bd 1–5. Paris 1634–1637. Suppl. 1642). Bd 1–6. Paris 1644.

Herkov, Zlatko
s. Kurelac/Herkov.

Hermann, Jakob
* 1678 Basel; † 1733 Basel. Mathematiker; in wissenschaftlichem Kontakt mit Jakob und Johann Bernoulli und Euler.

Hermelink, Heinrich
The earlist reckoning books existing in the Persian language. Historia math. 2 (1975) 299–303.

Hermite, Charles
* 1822 Dieuze/Lothringen; † 1901 Paris. Prof. der Mathematik an der Ecole Polytechnique und an der Univ. Paris.
1. *Oeuvres.* Ed. E. Picard. Bd 1–4. Paris 1905–1917.
2. *Sur la fonction exponentielle.* (Comptes rendus Ac. Sc. Paris 77 (1873) 18–24, 74–79, 226–233, 285–293.) In [1; 3. 1912, 150–181].

Herodian (Herodianos, Ailios)
Lebte im 2. Jh. n. Chr. Griechischer Grammatiker.
Herodiani de notis numerorum tractatus, ed. H. Stephanus (d. i. H. Estienne), in: Thesaurus Graecae linguae. Bd 9. 1829, Appendix, Sp. 345–354. Nachdr. Graz 1954.

Herodot (Herodotos)
* 484 [?] v. Chr. Halikarnassos; † zwischen 430 u. 420 v. Chr. Thurii/Italien. Griech. Historiker und Geograph, der ausgedehnte Reisen unternahm.
1. *Historiae.* Ed. C. Hude. Oxford (1908), 3. Aufl. 1927. Nachdr. Buch 1–4. 1972, 5–9. 1970.
2. *Historien.* Griech.-dt. Bd 1. 2. Ed. J. Feix. München 1963.

Heron von Alexandria
Wirkte um 62 n. Chr. in Alexandria. Griechischer Mathematiker und Physiker.
Heronis Alexandrini opera quae supersunt omnia. Griech. u. dt. Ed. W. Schmidt, L. Nix, H. Schöne, J. L. Heiberg. Bd 1–5. Leipzig 1899–1914.

Hieronymus
* um 347 Strido/Dalmatien; † 419 oder 420 Bethlehem. Lateinischer Kirchenvater.

Hilbert, David
1862 Königsberg; † 1943 Göttingen. Prof. der Mathematik an den Univ. Königsberg und Göttingen.
Über den Zahlbegriff. Jahresbericht DMV. 8 (1900) 1, 180–184. (In: Grundlagen der Geometrie. 7. Aufl. Leipzig, Berlin 1930, 241–246.)

Hildesheimer Rechenbuch
s. Bernhard.

Hill, George Francis
The development of Arabic numerals in Europe. Oxford 1915.

Hiller, Eduard
s. Theon von Smyrna.

Hilprecht, Hermann Vollrat
Mathematical, metrological and chronological tablets from the Temple-Library of Nippur. Philadelphia 1906. (= The Babylonian expedition of the University of Pennsylvania. Ser. A. 20, 1.)

Hinz, Walther
Islamische Maße und Gewichte, in: Handbuch der Orientalistik. Erg. Bd 1, Heft 1. Leiden 1955.

Hipparchos
Wirkte Mitte des 2. Jhs. v. Chr.; aus Nikaia/Bithynien; einer der bedeutendsten griechischen Astronomen.

Hippasos von Metapont
Wirkte Mitte des 5. Jhs.; griechischer Mathematiker; Pythagoreer; ihm wird die Aufstellung des harmonischen Mittels und die Entdeckung der Inkommensurabilität (wohl vom regelmäßigen Fünfeck) zugeschrieben.

Hippokrates von Chios
Lebte in der zweiten Hälfte des 5. Jhs. v. Chr.; griechischer Mathematiker und Astronom, später in Athen; Verf. eines mathematischen Lehrbuches.

Hippolytos
Griechischer Kirchenschriftsteller in der ersten Hälfte des 3. Jhs. n. Chr.; Presbyter in Rom. In seinem Hauptwerk „Κατὰ πασῶν αἰρέσεων ἔλεγχος (Refutatio omnium haeresium" = Widerlegung aller Ketzereien) kommen auch Weissagungen aus dem Namen vor.

Hirayama, Akira
s. Takakazu.

Hoche, R.
s. Nikomachos [1].

Hochheim, Adolf
s. al-Karaǧī [1].

Hoecke, Gielis van den
In Arithmetica een sonderlinge excellent boeck. Antwerpen 1545.

Hoffmann, Ludwig
Mathematisches Wörterbuch. Bd 1–7. Berlin 1858–1867.

Hofmann, Joseph Ehrenfried
1. *Nicolaus Mercators Logarithmotechnia* ⟨1668⟩. Deutsche Math. 3 (1938) 446–466.
2. *Geschichte der Mathematik.* Bd 1. Berlin 1953 (2. Aufl. 1963). Bd 2.3. Berlin 1957 (= Sammlung Göschen. 226. 875. 882).
3. *Leibniz, sein Leben, sein Wirken, seine Welt.* Ed. W. Totok u. C. Haase. Hannover 1966.
4. *Leibniz in Paris 1672–1676. His growth to mathematical maturity.* London 1974.
s. Euler [5].

Hofmann, Ulrich
Schreib- und Rechenmeister in Nürnberg.
Arithmetica practica. Nürnberg 1658.

Holtzmann, Wilhelm (Xylander)
s. Diophant [2]; Euklid [6].

Holzschuher
Das Handlungsbuch der Holzschuher s. Handlungsbuch.

Homer
Lebte im 9. oder 8. Jh. v. Chr.; Schöpfer der „Ilias" und der „Odyssee".

Honigmann, Ernst
Onomatomanteia, in Pauly/Wissowa [18, 1 = Halbbd 35. 1939, Sp. 517–521].

Hoppe, Edmund
Mathematik und Astronomie im klassischen Altertum. Heidelberg 1911. (= Bibliothek d. klass. Altertumswiss. 1.)
s. Stifel [5].

Horaz (Quintus Horatius Flaccus)
* 65 v. Chr. Venusia (Venosa)/Apulien; † 8 v. Chr. Römischer Dichter.
De arte poetica. In: Opera omnia. Ed. H. Färber. München 1959, S. 242–255.

Horner, William George
* 1786 Bristol; † 1837 Bath. Englischer Mathematiker; Gründer einer Schule in Bath.
A new method of solving numerical equations of all orders, by continuous approximation. Philos. trans. R. Soc. London. 1819, P. 1, 308–335.

Horsley, Samuel
s. Newton [1].

Hostus, Matthäus
* 1509 Wilhelmsdorf b. Berlin; † 1587 Frankfurt a.d. Oder. Archäologe, Sprachforscher, Münzenkundiger; Prof. der griech. Sprache in Frankfurt a.d.O.
De numeratione emendata veteribus Latinis et Graecis usitata. Antwerpen 1582.

Hoüel, Guillaume Jules
s. Argand.

Huber, Engelbert
Historische Entwicklung von Näherungsverfahren zur Lösung algebraischer Gleichungen. Diss. München, eingereicht Juni 1978.

Hudde, Jan (Huddenius, Johannes)
* 1628 [getauft] Amsterdam; † 1704 Amsterdam. Bürgermeister von Amsterdam; wurde von Schooten in die Mathematik eingeführt.
De reductione aequationum [geschr. etwa 1654/55], in: Descartes [4a; 406–506].

Hübsch, Johann Georg Gotthelf
Arithmetica portensis oder Anfangsgründe der Rechenkunst. Bd 1–4. 1748–1762.

Hultsch, Friedrich Otto
1. *Meteorologicorum scriptorum reliquae.* Bd 1.2. Leipzig 1864–1866.
2. *Griechische und römische Metrologie.* 2. Bearb. Berlin 1882.
3. *Arithmetica,* in: Pauly/Wissowa [**2,1** = Halbbd. 3. 1895, Sp. 1066–1116].
s. Pappos von Alexandria [1].

Humboldt, Alexander von
* 1769 Berlin; † 1859 Berlin. Naturforscher u. Geograph; Forschungsreisender.
Über die bei verschiedenen Völkern üblichen Systeme von Zahlzeichen und über den Ursprung des Stellenwerthes bei den indischen Zahlen. J. reine u. angew. Math. 4 (1829) 205–231.

Hume, James
Wirkte um 1639; englischer Mathematiker, der in Frankreich lebte.
1. *Le traité d'algèbre.* Paris 1635.
2. *Algèbre de Viète, d'une méthode nouvelle, claire et facile.* Paris 1636.

Hunger, Herbert / Vogel, K.
Ein byzantinisches Rechenbuch des 15. Jahrhunderts. 100 Aufgaben aus dem Codex Vindobonensis Phil. Gr. 65. Text, Übers. u. Komm. Wien 1963. (= Österr. Akad. d. Wiss., phil.-hist. Kl., Denkschriften. Bd 78, Abh. 2.).

Hunrath, Karl
Zur Geschichte der Dezimalbrüche. Z. Math. Phys. 38 (1893) 25–27.

Huswirt, Johannes S.
Lebte Anfang des 16. Jhs.
Enchiridion novus algorismi. (Köln 1501). Ed. D. Wildermuth. Programm Königl. Gymnasium Tübingen 1865.

Hutton, Charles
* 1737 Newcastle-upon-Tyne; † 1823 London. Mathematiker an der Militärakademie in Woolwich; Mitgl. u. Sekr. der Royal Society.
A complete treatise on practical arithmetic and book-keeping. (Newcastle 1764). 8. Aufl. London 1788.

Huxley, G. L.
Briggs, Henry, in: DSB [**2.** 1970, 461–463].

Huygens, Christiaan
* 1629 Den Haag; † 1695 Den Haag. Holländischer Naturwissenschaftler und Mathematiker; wirkte lange in Paris an der Académie Royal des Sciences.
1. *Oeuvres complètes.* Bd 1–22. Den Haag 1888–1950.
2. *Fundamentum regulae nostrae ad inveniendos logarithmos.* 1661, in: [1, **14.** 1920, 451–457].
3. *Horologium oscillatorium.* Paris 1673.
4. *Die Pendeluhr. Horologium oscillatorium.* Dt. Übers. von A. Heckscher und A. von Oettingen. Leipzig 1913. (= Ostwalds Klass. ex. Wiss. 192.)

al-Ḫwārizmī (Abū ᶜAbdallāh Muḥammad ibn Mūsā al-Ḫwārizmī)
Lebte um 780–850 in Bagdad; Mathematiker, Astronom u. Geograph.

Rechnen mit indischen Ziffern:
1. *Algoritmi de numero Indorum.* [Lat.] Rom 1857. (= Trattati d'aritmetica. Ed. B. Boncompagni. 1.)
2. *Mohammed ibn Musa Alchwarizmi's Algorismus.* Nach der einzigen (lateinischen) Handschrift in Faks. mit Transkr. u. Komm. Ed. K. Vogel. Aalen 1963.

Algebra (Ḥisāb al-ǧabr wa-l-muqābala):
3. Lat. Übers. von Gerhard v. Cremona, in: Libri [1; **1,** Note 12, 253–299].
4. *Robert of Chester's Latin transl. of the Algebra of al-Khowarizmi.* Mit engl. Übers. Ed. L. Ch. Karpinski. New York 1915.
5. *The algebra of Mohammed ben Musa.* London 1831. Arab. Text m. engl. Übers. Ed. F. Rosen.

6. *Die astronomischen Tafeln des Muḥammed ibn Mūsā al-Khwārizmī.* Ed. H. Suter. Kopenhagen 1914.
7. *The astronomical tables of al-Khwārizmī.* Engl. Übers. aus d. Lat. und Komm. von O. Neugebauer. Kopenhagen 1962. (= Historisk-filos. skrifter Dan. Vid. Selsk. 4, 2.)
s. Allard [2]; Bosmans; Gandz [4].

Hypsikles
Wirkte etwa 200 bis 150 v. Chr., wahrsch. in Alexandria; Mathematiker; Verf. des sog. 14. Buches von Euklids „Elementen". (vgl. Sarton [2; **3,** 163].)

Iamblichos von Chalkis
* ca. 250; † ca. 330. Neuplatonischer Philosoph und Wundertäter.
1. *Iamblichi in Nicomachi arithmeticam introductionem liber.* Ed. Herm. Pistelli. Leipzig 1894.
2. *Pythagoras. Legende, Lehre, Lebensgestaltung.* Griech. u. dt. ed. M. von Albrecht. Zürich u. Stuttgart 1963.

Ibn al-Hā'im (Šihāb al-dīn Abū-l-ᶜAbbās Aḥmad ibn Muḥammad Ibn al-Hā'im al-Faraḍī)
* 1352/55 Kairo; † 1412 Jerusalem. Ägyptischer Mathematiker; Prof. in Jerusalem (madrasa Ṣalāḥiya).
Kitāb al-lumaᶜ fī ᶜilm al-ḥisāb.

Ibn al-Haiṯam (Alhazen) (Abū ᶜAlī ᶜAlī al-Ḥasan ibn al-Ḥasan ibn al Haiṯam)
* um 965 Baṣra; † nach 1039 Kairo. Wirkte in Ägypten unter al-Ḥākim (996–1020); gilt als größter islamischer Physiker; berühmt vor allem durch seine optischen Arbeiten; auch Astronom, Mathematiker u. Arzt. (Vgl. Sarton [2; 1, 721]).

Ibn al-Qifṭī (Abū al-Ḥasan ᶜAlī ibn Yūsuf, Ǧamāl al-dīn al Šaibānī ibn al-Qifṭī)
* 1172/73 Qifṭ / Ägypten. Ägyptischer Historiker; wirkte bis 1187 in Kairo, bis 1202 in Jerusalem u. schließlich in Aleppo, wo er starb. Sein Hauptwerk „Tarīḫ al-ḥukamā'" enthält 414 Biographien bedeutender arab. Wissenschaftler.

Ibn al-Samḥ (Abū-l-Qāsim Aṣbaġ ibn Muḥammad Ibn al-Samḥ)
* 979; † 1035. Mathematiker, Astronom; wirkte in Granada.

Ibn Badr (Abenbéder) (Abū ᶜAbdallah Muḥammad ibn ᶜUmar ibn Muḥammad, genannt Ibn Badr)
Lebte in der ersten Hälfte des 13. Jhs. [?] in Sevilla.
Compendio de Álgebra de Abenbéder. Arab. u. span. ed. José A. Sánchez Pérez. Madrid 1916.

Ibn Ḫallikān (Šams al-dīn Abū-l-ᶜAbbās Aḥmad ibn Muḥammad ibn Ibrāhīm ibn abī Bakr Ibn Ḫallikān al-Barmakī al-Irbilī al-Šafiᶜi)
* 1211 Irbil/Abela; † 1282 Damaskus. Arabischer Geschichtsschreiber; verfaßte ein biographisches Lexikon, das zu einem der bedeutendsten der Weltliteratur zählt und als eine der wichtigsten Quellen für die arabische Literaturgeschichte anzusehen ist.

Ibn Rušd
s. Averroës.

Ibn Ṭāhir
s. Abū Manṣūr.

Ihring, Friedrich Heinrich Wilhelm
Der praktische Kaufmann. Halle 1798.

Iḫwān al-Ṣafā'
„Die lauteren Brüder", eine Art wissenschaftlicher Geheimbund in der zweiten Hälfte des 10. Jhs. Verf. einer Enzyklopädie.

Immanuel ben Jacob Bonfils, von Tarascon
Wirkte ca. 1340–1377 in der Provence. Jüdischer Mathematiker, Astronom, Astrologe; Übers. vom Lat. ins Hebräische.
The invention of the decimal fractions and the application of the exponential calculus by Immanuel Bonfils of Tarascon (c. 1350). Einführung, hebr. Text u. engl. Übers. S. Gandz. Isis 25 (1936) 16–45.

Ingram, R. E.
s. Hamilton [1].

Initius Algebras
Die Algebra des Initius Algebras ad Ylem geometram magistrum suum. Ed. M. Curtze. Abh. Gesch. Math. 13 (1902) 435–611.
s. Alexander, Andr.

Inoue, Kiyoshi
Grammateus über die Buchhaltung. Rechnungswesen. 100 (1971) [Japanisch], 154–170.

Inscriptiones
Inscriptiones insularum maris Aegaei praeter Delum. Fasc. 1. Ed. Fridericus Hiller de Gaertringen. Berlin 1895. (= Inscriptiones Graecae. 12, 1.)

Irani, Rida A. K.
Arabic numeral forms. Centaurus 4 (1955–56) 1–12.

Isaak Argyros
s. Argyros.

Isidorus von Sevilla
* um 560 in Spanien; † 636 Sevilla. Bischof von Sevilla; schrieb über Theologie und Naturwissenschaften.
Etymologiarum sive originum libri 20. Ed. W. M. Lindsay. Bd 1. 2. Oxford 1911. Nachdr. Oxford 1957.

Itard, Jean
s. Bachet [2].

Iuventius Celsus (P. Iuventius Celsus T. Aufidius Hoenius)
Römischer Jurist und Staatsmann um 100 n. Chr.

Jackson, Lambert Lincoln
The educational significance of sixteenth century arithmetic. New York 1906. Nachdr. New York 1972.

Jacob von Speier
Im 15 Jh. Hofastrologe des Fürsten von Urbino; sonst nichts über sein Leben bekannt. (Vgl. Regiomontanus [3; 190]).

Jacob, Simon
* 1510 [?] Coburg; † 1564 Frankfurt a. M. Bekannter Rechenmeister seiner Zeit in Frankfurt.
Ein New vnd Wolgegründt Rechenbuch, Auff den Linien vnd Ziffern, sampt der Welschen Practic. Frankfurt a. M. (1565) 1600.

Jacobi, Carl Gustav Jacob
* 1804 Potsdam; † 1851 Berlin. 1824 Privatdoz. in Berlin; 1827 Prof. in Königsberg; reiste 1843 aus gesundh. Gründen nach Italien, dann kgl. Pensionär in Berlin.
1. *Gesammelte Werke.* Bd 1–7 u. Suppl. Ed. C. W. Borchardt [Bd 1] u. K. Weierstraß [Bd 2–7], A. Clebsch [Suppl.]. E. Lottner [Suppl. 2. Ausg. 1884]. Berlin 1881–1891. Nachdr. New York 1969.
2. *De formatione et proprietatibus determinantium.* J. reine u. angew. Math. 22 (1841) 285–318. In [1; 3. 1884, 355–392].
3. *Über die Bildung und die Eigenschaften der Determinanten.* Dt. Übers. [von 2] von P. Stäckel. Leipzig 1896. (= Ostwalds Klass. ex. Wiss. 77.)
4. *De functionibus alternantibus earumque divisione per productum e differentiis elementorum conflatum.* J. reine u. angew. Math. 22 (1841) 360–371. In [1; 3. 1884, 439–452].
5. *De determinantibus functionalibus.* J. reine u. angew. Math. 22 (1841) 319–352. In [1; 3. 1884, 393–438].
6. *Über die Functionaldeterminanten.* Dt. Übers. [von 5] von P. Stäckel. Leipzig 1896. (= Ostwalds Klass. ex. Wiss. 78.)

Jacobus de Florentia
Wirkte um 1307 (vgl. D. E. Smith [6; 2, 71]).

Jäger, Ernst Ludwig
1. *Lucas Paccioli und Simon Stevin, nebst einigen jüngeren Schriftstellern über Buchhaltung.* Stuttgart 1876.
2. *Der Traktat des Lucas Paccioli von 1494 über den Wechsel.* Stuttgart 1878.

Jayawardene, S. A.
The Trattato d'Abaco of Piero della Francesca, in: Cultural aspects of the Italian Renaissance: Essays in honour of Paul Kristeller. Ed. C. H. Clough. Manchester 1976, 229–243.
s. Bombelli [3].

Jha, Ganganand Singh
Binomial theorem in Hindu mathematics. The mathematics education. 9, Nr. 3 (1977) 55–58.

Jöcher, Albert Franz
Die Handelsschule. Real-Encyklopädie der Handelswissenschaften. 3. Aufl. Bd 1, Abth. 1. Quedlinburg, Leipzig 1841.

Johann von Gmunden
* 1380/84 Gmunden am Traunsee; † 1442 Wien. Astronom, Mathematiker, Theologe; hielt an der Univ. Wien zunächst theologische, dann auch mathematisch-astronomische Vorlesungen; als Priester Kanonikus am Wiener Hofkapitel, 1431 Pfarrstelle in Laa; seine astronomischen Schriften beeinflußten vor allem Peurbach.

Johannes de Lineriis
† zwischen 1350 und 1355. Französischer Astronom und Mathematiker.
s. Beldomandi [1], [2]; Busard [1].

Johannes (Ioannes) de Muris (Jean de Meurs)
* in der Normandie; lebte in d. ersten Hälfte des 14. Jhs., wohl noch 1351 (vgl. Nagl [2; 139]). Französischer Mathematiker u. Astronom; Doktor der Sorbonne u. Kanonikus in Paris.
1. *Arithmetica communis.* Wien 1515.
2. *Das Quadripartitum des Ioannes de Muris und das praktische Rechnen im 14. Jh.* Ed. A. Nagl. Abh. Gesch. Math. 5 (1890) 134–146.

Johannes de Sacro Bosco
* 1200 Halifax [?]; † 1256 [?] Paris. Englischer Mathematiker u. Astronom; zuletzt Lehrer der Mathematik an d. Univ. Paris.
Petri Philomeni de Dacia in Algorismum vulgarem Johannis de Sacrobosco commentarius una cum Algorismo ipso. Ed. M. Curtze. Kopenhagen 1897.

Johannes Hispalensis
Wirkte um 1135–1153 in Toledo. Spanischer Jude; Übers. vom Arabischen ins Lateinische.
Joannis Hispalensis liber Algorismi de practica arismetrice. Rom 1857. (= Trattati d'aritmetica, ed. B. Boncompagni. 2.)
Zu den Handschriften vgl. al-Ḫwārizmī [2; 42–44] und Allard [2].

Johannes Regiomontanus
s. Regiomontanus.

Johannes von Palermo
Wirkte um 1221–1240 in Sizilien am Hofe Friedrich II. von Hohenstaufen. Übers. arabischer Werke ins Lateinische. Leonardo von Pisa schreibt im Vorwort eines seiner Werke: „gloriosissime princeps Frederice, magister Iohannes panormitanus, phylosophus vester, pisis mecum multa de numeris contulisset. . .“ [1; 2, 227].

Jones, Charles W.
s. Beda.

Jones, William
* 1675 Llanfihangel/Anglesey; † 1749 London. Mathematiker; Privatlehrer; lebte viele Jahre in Shirburn Castle; Freund von Halley und Newton; Mitgl. der Royal Society.

Synopsis palmariorum matheseos: or a new introduction to the mathematics. London 1706.
s. Newton [7].

Jordan, Leo
Materialien zur Geschichte der Zahlzeichen. Archiv f. Kulturgesch. 3 (1905) 155–195.

Jordanus Nemorarius
† 1237. Mathematiker u. Physiker; Ordensgeneral d. Dominikaner [?].
1. *Der Traktat des Jordanus Nemorarius „De numeris datis".* Ed. P. Treutlein. Abh. Gesch. Math. 2. 1879, 125–166.
2. *Commentar zu d. „Tractatus de numeris datis".* Ed. M. Curtze. Z. Math. Phys. 36. 1892, Hist.-lit. Abt., 1–23, 41–63, 81–95, 121–138.
3. *De proportionibus,* ed. Busard [2; 205–213].
s. Eneström [3], [8]; Moody/Clagett.

Junge, Gustav
1. *Das Fragment der lat. Übers. des Pappus-Kommentars zum 10. Buch Euklids.* Quellen u. Studien Gesch. Math. Astr. Phys. Abt. B. 3 (1936) 1–17.
2. *Zwei wenig bekannte mittelalterliche Aufgaben.* Z. math. u. nat. Unterricht. 66 (1935) 117–119.

Juškevič, Adolf Pavlovič
1. *Geschichte der Mathematik im Mittelalter.* Basel 1964. [Vgl. Les mathématiques arabes. Paris 1976.]
2. *Istorija matematiki v Rossii.* [Die Geschichte der Mathematik in Rußland. Russ.] Moskau 1968.
s. al-Ḫayyām [3]; al-Kāšī.

Kaczmarz, Stefan Marian
* 1895 Sambor; † 1939. Doz. f. Mathematik an der Universität Lwów.
Axioms for arithmetic. J. London Math. Soc. 7 (1932) 179–182.

Käfer, Karl
Der Kettensatz. Ein Beitrag zur Geschichte und Theorie des kaufmännischen Rechnens. Diss. Zürich 1941.

Kästner, Abraham Gotthelf
* 1719 Leipzig; † 1800 Göttingen. Prof. der Mathematik u. Physik an der Univ. Göttingen.
1. *Anfangsgründe der Arithmetik, Geometrie, ebenen u. sphärischen Trigonometrie u. Perspektive.* Göttingen (1758), 4. Aufl. 1786.
2. *Anfangsgründe der Analysis endlicher Größen.* Göttingen 1760. = Mathematische Anfangsgründe. T. 3, Abt. 1.
3. *Anfangsgründe der Analysis des Unendlichen.* Göttingen (1761) 1799. = Mathematische Anfangsgründe. T. 3, Abt. 2.

Kagan, V.F.
s. Lobačevskij.

Kambly, Ludwig
* 1811; † 1884. Mathematiklehrer am Gymnasium zu St. Elisabeth in Breslau.
Die Elementar-Mathematik für den Schulunterricht. Bd 1: Arithmetik u. Algebra. 11. Aufl. 1869.

Kant, Immanuel
* 1724 Königsberg; † 1804 Königsberg. Prof. der Logik u. Metaphysik an der Univ. Königsberg.
Versuch, den Begriff der negativen Größen in die Weltweisheit einzuführen. 1763, in: Kants Gesammelte Schriften. Hrsg. von der Preuß. Akad. der Wiss. Bd 2: Vorkritische Schriften 2 (1757–1777). Berlin 1905, 165–204.

Kāpadīā, H.R.
s. Śrīpati.

Karabacek, Joseph
1. *Arabische Felseninschriften bei Ṭōr.* Wiener Z. f. d. Kunde des Morgenlandes. 10 (1896) 186–190.
2. *Aegyptische Urkunden aus den königlichen Museen zu Berlin.* Wiener Z. f. d. Kunde des Morgenlandes. 11 (1897) 1–21.
s. Papyrus Erzherzog Rainer.

al-Karağī (Abū Bakr Muḥammad ibn al-Ḥasan al-Ḥāsib al-Karağī)
Wirkte Ende des 10., Anf. des 11. Jhs. in Bagdad; Arabischer Mathematiker.
1. *Kāfī fil-ḥisāb (Genügendes über Arithmetik) des Abu Bekr Muhammed Ben Alhusein Alkarkhī.* Übers. v. A. Hochheim. Bd 1–3. Halle 1878–1880.
2. *L'algèbre. Al-badīʿ d'al-Karagī.* Manuscrit de la Bibliothèque Vaticane Barberini Orientale 36, 1. Ed. A. Anbouba. Beirut 1964.
s. Rashed [1]; Saidan [3]; Woepcke [1].

Karpinski, Louis C.
1. *An Italian algebra of the fifteenth century.* Bibl. math. (3) 11 (1910/11) 209–219.
2. *Two twelfth century algorisms.* Isis. 3 (1920/21) 396–413.
s. Abū-Kāmil [2]; al-Ḫwārizmī [4]; Nikomachos von Gerasa [2]; Smith/Karpinski.

Karsten, Wenceslaus Johann Gustav
* 1732 Neubrandenburg; † 1787 Halle a.d.S. Prof. der Logik an d. Univ. Rostock, später der Mathematik u. Physik an d. Univ. Halle.
Lehrbegriff der gesamten Mathematik. Bd 1–8. Greifswald 1767–1777.

al-Kāšī (Ǧamšīd ibn Mas ᶜūd ibn Maḥmūd al-Kāšī)
* in Kašān; † 1429 Samarkand. Persischer Mathematiker und Astronom am Observatorium von Samarkand.
Ključ arifmetiki. Traktat ob okružnosti. [Der Schlüssel zur Arithmetik. Traktat über den Kreis. Russ.] Mit arab. Faks. Übers. von B.A. Rozenfeld', ed. V.S. Segal' und A.P. Juškevič. Moskau 1956.
s. Luckey [2], [3].

Kaukol, David Carolus
Geistlicher Rat und Pfarrer zu Altenbuch im Kurfürstentum Köln.
Filum Ariadne in Labyrintho Fractionum Arithmeticarum. Das ist: Gründlich-ausführlich und gantz klahre Unterweisung welchermassen die sonst kopffbrechende Brüche in der Rechen-Kunst leicht zu erlernen seynd. Regensburg 1696.

Kaunzner, Wolfgang
1. *Über Johannes Widmann von Eger. Ein Beitrag zur Geschichte der Rechenkunst im ausgehenden Mittelalter.* [München] 1968. (= Veröffentlichungen des Forschungsinst. d. Dt. Museums, Reihe C.7.)
2. *Über eine arithmetische Abhandlung aus dem Prager Kodex XI.C.5. Ein Beitrag zur Geschichte der Rechenkunst im ausgehenden Mittelalter.* [München] 1968. (= Veröffentlichungen des Forschungsinst. d. Dt. Museums, Reihe C.8.)
3. *Über die Handschrift Cgm 740 der Bayer. Staatsbibliothek München. Ein Beitrag z. Gesch. d. Rechenkunst im ausgehenden MA.* [München] 1970. (= Veröffentlichungen d. Forschungsinst. d. Dt. Museums, Reihe C.11.)
4. *Über das Zusammenwirken von Systematik u. Problematik in der frühen deutschen Algebra.* Sudhoffs Archiv. 54 (1970) 299–315.
5. *Über den Beginn des Rechnens mit Irrationalitäten in Deutschland.* Janus. 57 (1970) 241–260.
6. *Über Proportionen und Hochzahlen.* Janus. 58 (1971) 119–136.
7. *Deutsche Mathematiker des 15. u. 16. Jahrhunderts und ihre Symbolik.* Wolfg. Schreck z. 80. Geburstag. [München] 1971. (= Veröffentlichungen d. Forschungsinst. d. Dt. Museums, Reihe A.90.)
8. *Über die Entwicklung der algebraischen Symbolik vor Kepler im deutschen Sprachgebiet.* Kepler-Festschrift 1971. [München] 1972. (= Veröffentlichungen d. Forschungsinst. d. Dt. Museums, Reihe A.110.)
9. *Über einen frühen Nachweis zur symbolischen Algebra.* Wien 1975. (= Österr. Ak. der Wissenschaften, math. nat. Kl. – Denkschriften. 116, Abh. 5.)

Kauṭilya (Kauṭalya)
s. Arthaśāstra.

Kaye, George Rusby
Indian mathematics. Kalkutta, Simla 1915.
s. Bakhshālī-Manuskript; Śrīdhara [2].

Kepler, Johannes
* 1571 Weil der Stadt; † 1630 Regensburg. Studium in Tübingen; nacheinander Gehilfe von Tycho Brahe, Hofastronom und Mathematikus bei Kaiser Rudolf II., im Dienste Wallensteins.
1. *Gesammelte Werke.* Ed. W. v. Dyck, M. Caspar, [später] Fr. Hammer, M. List. Hrsg. von d. Kepler-Kommission der Bayer. Akademie d. Wiss. Bd 1–10, 13–19. 1938–1975. [Bd 11 (1.2) u. 12 in Vorb.]
2. *De Iesu Christi servatoris nostri vero anno natalitio.* (Frankfurt 1606.) In [1; 1. 1938, 357–390].
3. *Harmonices mundi libri quinque.* Linz 1619. In [1; **6**. 1940].
4. *Messekunst Archimedis.* (Linz 1616.) In [1; **9**. 1960, 135–274].
5. *Chilias logarithmorum ad totidem numeros rotundos.* (Marburg 1624. Suppl.: Marburg 1625.) In [1; **9**. 1960, 275–426].
6. *Tabulae Rudolphinae.* (Ulm 1627.) In [1; **10**. 1969].
s. Bürgi [2]; Epstein.

Kern, Hendrik
s. Aryabhata I [1].

Kewitsch, G.
1. *Die Basis der Bürgischen und die der Neperschen Logarithmen.* ⟨Die Basis der Bürgischen Logarithmen ist e, der Neperschen $\frac{1}{e}$.⟩ Z. math. u. nat. Unterricht 27 (1896) 321–333.
2. *Zweifel an der astronomischen und geometrischen Grundlage des 60-Systems.* Z. f. Assyriologie. 18 (1904/05) 73–95.

Kheil, Carl Peter
Über einige ältere Bearbeitungen des Buchhaltungs-Tractates von Luca Pacioli. Prag 1896.

al-Khwārizmī
s. al-Ḫwārizmī.

Kinckhuysen, Gerard
† 1661. Holländischer Mathematiker; lebte in Harleem (vgl. Chr. Scriba in: British j. of hist. of science. 2. 1964, 45–58).
Algebra ofte Stelkunst. Harleem 1661. Lat. Übers. von Mercator in: Newton [2; **2**, 295–364].

al-Kindī (Abū Yūsuf Yaᶜqūb ibn Isḥāq ibn al-Ṣabbāḥ al-Kindī)
* Baṣra; † nach 870. Philosoph; in Bagdad unter al-Ma'mūn.

Kirfel, Willibald
Die Kosmographie der Inder. Rom 1920.
Kisch, Bruno
Scales and weights. New Haven, London 1965.
Klamroth (Martin?)
Über den arabischen Euklid. Z. d. Dt. Morgenländischen Ges. 35 (1881) 270–326.
Klebs, Arnold C.
Incunabula scientifica et medica. Osiris. 4 (1938) 1–359.
Klügel, Georg Simon
* 1739 Hamburg; † 1812 Halle. Prof. der Mathematik u. Physik an d. Univ. Helmstedt u. Halle.
1. *Analytische Trigonometrie.* Braunschweig 1770.
2. *Mathematisches Wörterbuch.* Bd 1–5. Suppl. 1.2. Leipzig 1803–1836. (Ab Bd 4 fortges. v. C. B. Mollweide, später J. A. Grunert).
Kluge, Friedrich
Etymologisches Wörterbuch der deutschen Sprache. 20. Aufl., bearb. von W. Mitzka. Berlin 1967.
Knobloch, Eberhard
1. *Die entscheidende Abhandlung von Leibniz zur Theorie linearer Gleichungssysteme.* Studia Leibnitiana. 4 (1972) 163–180.
2. *Studien von Leibniz zum Determinantenkalkül.* Akten des 2. Int. Leibniz-Kongresses, Hannover 17.–22.7.1972. Bd 2 1974, 37–45.
3. *Die mathematischen Studien von G. W. Leibniz zur Kombinatorik.* Wiesbaden 1973. (= Studia Leibnitiana. Suppl. 11.)
4. *Zur Überlieferungsgeschichte des Bachetschen Gewichtsproblems.* Sudhoffs Archiv. 57 (1973) 142–151.
5. *Unbekannte Studien von Leibniz zur Eliminations- und Explikationstheorie.* Arch. hist. ex. sciences. 12 (1974) 142–173.
6. *Die mathematischen Studien von G. W. Leibniz zur Kombinatorik.* Textband, im Anschl. an den Abhandlungsbd nach d. Orig. hss. hrsg. Wiesbaden 1976. (= Studia Leibnitiana. Suppl. 16.)
s. Leibniz [6].
Köbel, Jakob
* 1460/65 Heidelberg; † 1533 Oppenheim. Stadtschreiber in Oppenheim; Drucker und Rechenmeister.
1. *Ain New geordnet Rechenbiechlin auf den linien mit Rechenpfeningen.* Augsburg 1514. [Bis 1532 mehrere Aufl.]
2. *Eyn New geordnet Vysirbuch.* Oppenheim 1515.
3. *Zwey rechenbüchlin: vff der Linien vnd Zipher, Mit eym angehenckten Visirbuch.* Oppenheim 1537. [Zit. nach Benzing, J.: Jak. Koebel in Oppenheim. 1963, S. 69, Nr. 102.]
4. *Von ursprung der Teilung, Maß, vnd Messung deß Ertrichs der Ecker, Wyngarten, Krautgarten, vnd anderer Velder.* Oppenheim 1522.
Köhler, Johann Friedrich
* 1756 Brehna b. Bitterfeld; † 1820 Taucha/Sachsen. Prediger in Windischleuba b. Altenburg; Diakon in Taucha.
Anweisung zum Kopfrechnen. Leipzig (1797), 2. Aufl. 1801.
Kohl, K.
s. Björnbo.
Kohlrausch, Friedrich
Praktische Physik. 22. Aufl. Bd 1–3. Stuttgart 1968.
Kokian, P. Sahak
s. Ananias.
Koppe, M.
Die Neperschen Logarithmen sind mit den natürlichen im wesentlichen identisch. Sitzungsber. Berliner Math. Ges. 3 (1904) 48–52.
Kossak, Ernst
* 1839 Friedland; † 1892 Berlin. Prof. für Math. an der Gewerbeschule in Berlin, später an der Techn. Hochschule Bln-Charlottenburg.
Die Elemente der Arithmetik. Berlin 1872.
Kowalewski, Gerhard
s. Euler [3].
Krazer, Adolf
s. Euler [1], [2], [13].
Kresa, Jacob
* 1648 Smrschitz; † 1715 Brünn. Jesuit, Lehrer der Mathematik und des Hebräischen in Prag, Olmütz, Madrid und Brünn.
Arithmetica Tyro-Brunensis. Prag 1715.
Kress, Hilpolt
Um 1390; Teilhaber der Nürnberger Kressgesellschaft.
Kretschmer, Fritz / Heinsius, Elli
Über einige Darstellungen altrömischer Rechenbretter. Trierer Z. f. Gesch. u. Kunst des Trierer Landes u. seiner Nachbargebiete. 20 (1951) 96–108.
Kroll, Johann Friedrich
Prof. am Königlichen Gymnasium zu Eisleben.
Grundriß der Mathematik für Gymnasien und andere höhere Lehranstalten. Eisleben 1839.
Kronecker, Leopold
* 1823 Liegnitz; † 1891 Berlin. Prof. der Mathematik in Berlin (Nachf. von E. Kummer); Mitgl. zahlr. Akademien (Berlin, Paris, London).

Über den Zahlbegriff. J. reine u. angew. Math. 101 (1887) 337–355.

Kṛṣṇa Daivajña
Schrieb im 16. Jh. einen Kommentar zu Bhāskara II.

Kuckuck, Albert
1. *Das Rechnen mit decimalen Zahlen mit besonderer Berücksichtigung des abgekürzten Rechnens.* Berlin 1872.
2. *Die Rechenkunst im sechzehnten Jahrhundert.* Progr. Gymn. Graues Kloster Berlin 1874, 204–228.

Kugler, Franz Xaver
Sternkunde und Sterndienst in Babel. Buch 1. Münster 1907.

al-Kūhī
s. Waigan ibn Rustam al-Kūhī.

Kurelac, Miroslav/Herkov, Zlatko
Bibliographia metrologiae historiae. Bd 1.2. Zagreb 1973. Additamenta 1975.

Kūšyār ibn Labbān (Abū al-Ḥasan Kūšyār ibn Labbān ibn Bāšahrī al-Ǧīlī)
Persischer Mathematiker u. Astronom, um 1000.
Principles of Hindu reckoning. Engl. Übers. von M. Levey u. M. Petruck. Madison/Wis. 1965.

La Caille, Nicolas Louis de
* 1713 Rumigny; † 1762 Paris. Prof. der Mathematik am Collège Mazarin in Paris; beschäftigte sich unter anderem mit Geodäsie und Astronomie.
1. *Leçons élémentaires de mathématiques, ou élemens d'algèbre et de géométrie.* Paris (1741) 1756.
2. *Leçons élémentaires de mathématiques.* Neue Ausg. verm. von J. F. Marie. Paris (1770) 1784.

Lachmann, Karl
s. Schriften der römischen Feldmesser.

Lagny, Thomas Fantet de
* 1660 Lyon; † 1734 Paris. Französischer Mathematiker; arbeitete zusammen mit L'Hospital; Direktor der Banque Générale; Mitgl. der Académie Roy. des Sciences.
Méthodes nouvelles pour former et résoudre toutes équations. Mém. Acad. R. Sc. Paris. 1705, 367–396.

Lagrange, Joseph Louis
* 1736 Turin; † 1813 Paris. Mathematiker und Physiker; 1766 Nachfolger L. Eulers an der Berliner Akademie der Wissenschaften; später Prof. der Mathematik an der École Normale und der École Polytechnique in Paris.
1. *Oeuvres.* Ed. J. A. Serret. Bd 1–14. Paris 1867–1892. Nachdr. Bd 11.12: Hildesheim, New York 1973.
2. *Sur la résolution des équations numériques.* (Mém. Ac. R. Sc. B.-L. Berlin. 23. 1769). In [1; **2.** 1868, 537–578].
3. *Additions au mémoire sur la résolution des équations numériques.* (Mém. Ac. R. Sc. B.-L. Berlin. 24. 1770). In [1; **2.** 1868, 579–652].
4. *Réflexions sur la résolution algébrique des équations.* (Nouv. mém. Ac. R. Sc. B.-L. Berlin 1770. 1771). In [1; **3.** 1869, 203–421].
5. *Sur la forme des racines imaginaires des équations.* (Nouv. mém. Ac. R. Sc. B.-L. Berlin 1772). In [1; **3.** 1869, 477–516].
6. *Solutions analytiques de quelques problèmes sur les pyramides triangulaires.* (Nouv. mém. Ac. R. Sc. B.-L. Berlin 1773.) In [1; **3.** 1869, 659–692].
7. *Leçons élémentaires sur les mathématiques, données à l'École Normale en 1795.* (J. École Polyt. H. 7/8, T. 2. 1812). In [1; **7.** 1877, 181–288].
8. *Notes sur la théorie des équations algébriques.* (1798). Note 6: sur la méthode d'approximation tirée des séries récurrentes. In [1; **8.** 1879, 168–175].

Lam Lay Yong
1. *Yang Hui's commentary on the Ying nu chapter of the Chiu chang suan shu.* Historia math. 1 (1974) 47–64.
2. *A critical study of the Yang Hui Suan Fa. A thirteenth-century Chinese mathematical treatise.* Singapur 1977.

Lambert, Johann Heinrich
* 1728 Mühlhausen/Els.; † 1777 Berlin. Mathematiker, Physiker und Philosoph; Autodidakt; Lehrer in Chur; Bildungsreise durch Europa; Mitarbeiter, später Oberbaurat, in der Berliner Akademie.
1. *Opera mathematica.* Ed. A. Speiser. Bd 1.2. Zürich 1946–1948.
2. *Mémoire sur quelques propriétés remarquables des quantités transcendantes circulaires et logarithmiques.* (Mém. Acad. Sc. Berlin [17] (1761) 1768, 265–322). = [1; **2**, 112–159].
3. *Beyträge zum Gebrauche der Mathematik und deren Anwendung.* Bd 1.2. Berlin 1765–1770.
4. *Vorläufige Kenntnisse für die, so die Quadratur und Rectification des Circuls suchen,* (in: Lambert [3; **2**, 140–169]. Rudio [135–155]; in [1; **1**, 194–212].

Landau, Edmund
* 1877 Berlin; † 1938 Berlin. Prof. der Mathematik an der Univ. Göttingen; nach 1933 Vorlesungen u.a. in Cambridge und Brüssel; Mitgl. vieler Akademien.
Grundlagen der Analysis. Leipzig 1930.

Landsberger, B.
Solidarhaftung von Schuldnern in den babylonisch-assyrischen Urkunden. Z. f. Assyriologie. N. F. 1 (= 35) (1924) 22–36.
Lange, Gerson
s. Levi ben Gerson.
Laplace, Pierre Simon de
* 1749 Beaumont-en-Auge; † 1827 Paris. Mathematiker, Astronom u. Physiker; bekleidete verschiedene politische Ämter; u.a. Lehrer an der École Normale; Mitgl. der Acad. Royal des Sciences.
Recherches sur le calcul intégral et sur le système du monde. (Mém. Acad. Sc. Paris. 1772, P. 2; 1776). In: Oeuvres compl. Bd 8. Paris 1891, 369–477.
La Porte, de
Holländischer Schreiber, Buchhalter und Rechenmeister in Paris.
La guide des négocians et Teneurs de livres. Paris 1685.
La Ramée, Pierre de
s. Ramus.
Larfeld, Wilhelm
Griechische Epigraphik. = Handbuch der klassischen Altertumswissenschaft, begr. von Iwan von Müller, fortgef. von Robert von Pöhlmann, Bd 1, Abt. 5. München 1914.
La Roche, Estienne de
Wirkte um 1520 in Lyon. Schüler von Nicolas Chuquet; Lehrer der Arithmetik in Lyon.
Larismethique. Lyon 1520.
Lasswitz, Kurd
Geschichte der Atomistik. Bd 1. Hamburg, Leipzig 1890.
Lateinische Algebra
Vorlesung von Widman in Leipzig im Jahre 1486, s. Cod. Dresden C 80.
Latham, Marcia L.
s. Descartes [2].
Laughlin, Laurence
Evolution of money. Art and archaeology. 26 (1928) 3–11.
Laugwitz, Detlef
Bemerkungen zu Bolzanos Größenlehre. Arch. hist. ex. sciences. 2 (1965) 398–409.
Lechner, Johann Baptist
Facillima artis arithmeticae methodus, Das ist: Sehr leichter Unterricht u. Lehr=Art der höchst=nothwendigen... Rechen=Kunst. 10. Aufl. Augsburg u. Innsbruck 1755.
Lederrolle
s. Glanville.
Legendre, Adrien-Marie
* 1752 Paris; † 1833 Paris. Prof. der Mathematik an der École Militaire in Paris, später an der École Normale und Examinator an der École Polytechnique.
1. *Éléments de géometrie.* Paris (1794), 6. Aufl. 1806.
2. *Note IV. Où l'on démontre que le rapport de la circonférence au diametre et son quarré, sont des nombres irrationnels,* in [1; 289–296].
3. *Beweis, daß das Verhältnis des Kreisumfanges zum Durchmesser und das Quadrat desselben irrationale Zahlen sind.* Dt. Übers. [von 2], in: Rudio [159–166].
Legrain, Léon
Quelques tablettes d'Ur. Revue d'assyriologie. 30 (1933) 117–125.
Leibniz, Gottfried Wilhelm
* 1646 Leipzig; † 1716 Hannover. Vielseitiger Gelehrter; Gründer der Preussischen Akademie der Wissenschaften (1700) und deren erster Präsident.
1. *Mathematische Schriften.* Ed. C. I. Gerhardt. Bd 1–7. Berlin u. Halle 1849–1863. Nachdr. Hildesheim 1962.
2. *Die philosophischen Schriften.* Ed. C. I. Gerhardt. Bd 1–7. Berlin 1875–1890. Nachdr. Hildesheim 1960/61.
3. *Der Briefwechsel von G. W. Leibniz mit Mathematikern.* Ed. C. I. Gerhardt. Berlin 1899. Nachdr. Hildesheim 1962.
4. *Opuscules et fragments inédits.* Ed. L. Couturat. Paris 1903. Nachdr. Hildesheim 1961.
5. *Zwei Briefe über das binäre Zahlensystem und die chinesische Philosophie.* Ed., übers. u. komm. von R. Loosen u. F. Vonessen. Stuttgart 1968. (= Belser-Presse. 1.)
6. *Der Beginn der Determinantentheorie. Leibnizens nachgelassene Studien zum Determinantenkalkül.* Textband. Hildesheim 1979. (= arbor scientiarum. Reihe B.)
7. *Annotatio de quibusdam ludis; inprimis de ludo quodam Sinico, differentiaque Scachici et latrunculorum et novo genere ludi navalis.* Miscell. Berol. 1710, 22–26. In: Opera omnia, ed. L. Dutens, Genf. Bd 5. 1762, 203–205.
Weitere Editionen und Kommentare: s. Hofmann, J. E. [3], [4]; Knobloch [1], [2], [3], [5], [6]; Zacher.
Lejeune-Dirichlet
s. Dirichlet.
Leon
* um 790 Hypata/Thessalien; † nach 869. Philosoph und Mathematiker; studierte und lehrte in Konstantinopel; Prof. an der von Bardas neu gegründeten Univ. im Magnaura-Palast.
Leonardo von Pisa (Fibonacci, Leonardo)
* ca. 1170 Pisa; † nach 1240 Pisa. Kaufmann, der auf seinen Reisen die arabische Mathematik kennengelernt hatte; gehörte zum Gelehrtenkreis Friedrichs II.

1. *Scritti di Leonardo Pisano.* Bd [1] 2. Ed. B. Boncompagni. Rom 1857–1862. [Bd 1 u. d. T.:] Il liber abbaci. Bd 2: *Practica geometriae ed opusculi.* [Enthält:] *Flos* [227–247]. *Brief an Magister Theodorus* [247–252]. *Liber quadratorum* [253–279].
2. *La pratica di geometria.* Dal Cod. 2187 della Bibl. Riccardiana di Firenze. Ed. G. Arrighi. Pisa 1966. (= Testimonianze di storia delle scienza. 3.)

Lepsius, Richard
1. *Über eine hieroglyphische Inschrift am Tempel von Edfu.* Abh. K. Ak. Wiss. Berlin. 1855, 67–114.
2. *Zwei seltsame kalendarische Angaben aus ptolemäisch-römischer Zeit.* Ägypt. Z. 3 (1865) 57–60.
3. *Die Regel in den hieroglyphischen Bruchbezeichnungen.* Ägypt. Z. 3 (1865) 101–110.

Leurechon, Jean
* um 1591 Bar-le-Duc; † 1670 Pont-à-Mousson. Jesuit; unterrichtete im Kloster Bar-le-Duc Mathematik, Philosophie u. Theologie.
Recreation mathematiqve. Pont-à-Mousson 1626.

Levey, Martin
1. *Abraham Savasorda and his algorism. A study in early European logistic.* Osiris. 11 (1954) 50–64.
2. *Abū Kāmil Shuja^c ibn Aslam Muḥammad ibn Shujā^c*, in: DSB [1. 1970, 30–32].
s. Abū Kāmil [1]; Kūšyār ibn Labbān.

Levi (Lewi) ben Gerson
* 1288 Bagnols; † 1344. Jüdischer Philosoph, Theologe, Mathematiker, Astronom u. Physiker in der Provence.
Sefer Maassei Choscheb. Die Praxis des Rechners. Ein hebr.-arithm. Werk des Levi ben Gerschom aus d. Jahre 1321. Ed. u. dt. Übers. von G. Lange. Frankfurt a.M. 1909.
s. Carlebach.

Lewy, Hildegard
Origin and development of the sexagesimal system of numeration. J. American Oriental Soc. 69 (1949) 1–11.

L'Hospital (l'Hôpital), Guillaume-François-Antoine de
* 1661 Paris; † 1704 Paris. Kavallerieoffizier; widmete sich später ganz der Mathematik, vorwiegend der Differential- und Integralrechnung; korrespondierte u.a. mit Leibniz, Johann Bernoulli und Huygens.

Liapounoff, Alexander
s. Euler [4].

Libbrecht, Ulrich
Chinese mathematics in the thirteenth century. The Shu-shu chiu-chang of Ch'in Chiu-shao. Cambridge/Mass., London 1973.

Libri, Guillaume
1. *Histoire des sciences mathématiques en Italie.* Bd 1–4. Paris 1838–1841.
2. [Edition einer italienischen Handschrift aus dem 14. Jh. (?)] in [1; **3**, Note 31, 302–356].
s. al-Ḫwārizmi [3].

Liddell, Henry George / Scott, R.
A Greek-English Lexicon. 9. Aufl. Oxford 1940, Nachdr. 1958.

Lie, Sophus
s. Abel [1].

Lietzmann, Walter
Methodik des mathematischen Unterrichts. 2. Aufl. Bd 2. Leipzig 1923.

Li Jan'
K voprosy o drevnekitajskoj matematike. [Zur Frage der altchinesischen Mathematik. Russ.] Trudy tret'ego vsesojuzn. mat. s-ězda Moskva. 4 (1959) 246–248.

Lill, Edouard
Résolution graphique des équations numériques d'un degré quelconque à une inconnue. Comptes rendus Ac. Sc. Paris. 65 (1867) 854–857.

Limmer, Karl August
Lehrbuch der Rechenkunde, von den ersten Anfangsgründen bis zur Algebra. Mitau 1797.

Lindemann, Ferdinand C. L.
* 1852 Hannover; † 1939 München. Prof. der Math. in Freiburg, Königsberg u. München.
Über die Zahl π. Math. Annalen. 20 (1882) 213–225.

Liouville, Joseph
* 1809 St. Omer; † 1882 Paris. Prof. der Math. an der École Polytechnique und am Collège de France; Prof. der analytischen Mechanik an der Univ. Paris; gründete 1836 das „Journal de mathématiques pures et appliquées", das er 38 Jahre lang leitete.
1. Communication: 1° *des classes très-étendues de quantités dont le valeur n'est ni rationelle ni même réductible à des irrationelles algébriques.* Comptes rendus Ac. Sc. Paris. 18 (1844) 883–885.
Nouvelle démonstration d'un théorème sur les irrationelles algébriques. Comptes rendus Ac. Sc. Paris. 18 (1844) 910–911.
2. *Sur des classes très-étendues de quantités dont la valeur n'est ni algébrique, ni même réductible à des irrationelles algébriques.* J. de mathématiques pures et appliquées. 16 (1851) 133–142.

List, Martha
s. Bürgi [2]; Kepler [1].

Liu Hui
Chinesischer Mathematiker; schrieb 263 n. Chr. einen Kommentar zum Chiu-chang Suan-shu.

Livius, Titus
* 59 v. Chr.; † 17 n. Chr. Römischer Historiker aus Padua; lebte in Rom; mit Augustus befreundet.
Ab urbe condita. Oxford 1958.

Livre de getz
Livre de Chiffres et de getz nouvellement imprime. Lyon 1501.

Li Yeh
* 1178 Luan-ch'êng; † nach 1265. Chinesischer Mathematiker in Nordchina unter der Chin-Regierung.
s. Vanhée [2].

Lobačevskij, Nikolaj Ivanovič
* 1792 Nižni Novgorod (jetzt Gorki); † 1856 Kasan. Prof. der Mathematik in Kasan; Mitbegründer der nicht-euklidischen Geometrie.
Polnoe sobranie sočinenii. [Gesammelte Werke. Russ.] Ed. V. F. Kagan. Bd 1–5. Moskau, Leningrad 1946–1951. Bd 4: Algebra. (Kasan 1834.)

Löffler, Eugen
Ziffern und Ziffernsysteme. Leipzig u. Berlin. Bd 1. 3. Aufl. 1928 (= Math. phys. Bibl. 1). Bd 2. 2. Aufl. 1919 (= Math. phys. Bibl. 34).

Loewy, Alfred
s. Fourier [3].

Lohne, J. A.
Dokumente zur Revalidierung von Thomas Harriot als Algebraiker. Arch. hist. ex. sciences. 3 (1966) 185–205.

Lonicerus, Adam
* 1528 Marburg; † 1586 Frankfurt. Prof. der Mathematik in Marburg; dann Stadtphysikus in Frankfurt a.M.; Botaniker.
Arithmetices brevis introductio. Frankfurt 1551.

Loosen, Renate
s. Leibniz [5].

Lopez, Roberto S. / Raymond, I. W.
Medieval trade in the mediterranian world. Illustrative documents. Übers. mit Einf. u. Anm. New York 1955.

Lorenzen, Paul
* 1915 Kiel. Mathematiker und Philosoph; Prof. in Erlangen.
1. *Konstruktive Begründung der Mathematik.* Mathematische Z. 53 (1950) 162–202.
2. *Einführung in die operative Logik und Mathematik.* Berlin, Göttingen, Heidelberg 1955.
3. *Differential und Integral. Eine konstruktive Einführung in die klassische Analysis.* Frankfurt a.M. 1965.

Lottner, E.
s. Jacobi [1].

Luca di Borgo
s. Pacioli.

Luca da Firenze
Rechenmeister im 15. Jh.
Inprencipio darte dabaco. Ms. um 1475. [Zit. nach D.E. Smith [1; 468–470].]

Luckey, Paul
1. *Die Ausziehung der n-ten Wurzel und der binomische Lehrsatz in der islamischen Mathematik.* Math. Annalen. 120 (1947) 217–274.
2. *Die Rechenkunst bei Ǧamšīd b. Masᶜūd al-Kāšī, mit Rückblicken auf die ältere Geschichte des Rechnens.* Wiesbaden 1951. (= Abhandlungen f. d. Kunde des Morgenlandes. 31,1.)
3. *Der Lehrbrief über den Kreisumfang (ar-risāla al-muḥīṭīya) von Ǧamšīd b. Masᶜūd al-Kāšī.* Berlin 1953. (= Abh. Ak. Wiss. Berlin. Kl. Math. Nat. wiss. 1950, 6.)

Luders, Théodoric
Traité d'arithmétique. Paris 1663.

Ludolph van Ceulen
s. Ceulen.

Ludovici, Carl Gunther
* 1707 Leipzig; † 1778 Leipzig. Prof. der Philosophie in Leipzig.
Grundriß eines vollständigen Kaufmanns-Systems. Nachdr. der 2. Aufl. von 1768. Ed. R. Seyffert. Stuttgart 1932. (= Quellen u. Studien z. Gesch. der Betriebswirtschaftslehre. 4.)

Luschin von Ebengreuth, Arnold
Allgemeine Münzkunde und Geldgeschichte des Mittelalters und der neueren Zeit. 2. Aufl. München u. Berlin 1926. = Handbuch der mittelalterl. u. neueren Geschichte. Abt. 4.

Macdonald, William Rae
s. Napier, John [5].

Maclaurin, Colin
* 1698 Kilmodan/Schottl.; † 1746 Edinburgh. Schottischer Mathematiker in Aberdeen u. Edinburgh; Mitgl. der Royal Society.
A treatise of algebra in three parts. London 1748.

Macrobius, Ambrosius Theodosius
Lebte um 400 n.Chr. als hoher römischer Staatsbeamter, vielleicht in Nordafrika.

Maecianus
s. Volusius Maecianus.

Mästlin, Michael
* 1550 Göppingen; † 1631 Tübingen. Astronom; Prof. der Mathematik in Heidelberg und Tübingen; Lehrer und Freund Keplers.

Magnizkij, Leontij Filippovič
* 1669; † 1739 Moskau. Universalgelehrter; unterrichtete an einer Seefahrtsschule Mathematik und Ozeanographie.
Arifmetika sireč' nauka čislitel'naja. [Arithmetik, die Lehre vom Rechnen. Russ.] Moskau 1703.

al-Māhānī (Abū ᶜAbdallāh Muḥammad ibn ᶜĪsā ibn Aḥmad al-Māhānī)
lebte in Bagdad; machte astronomische Beobachtungen zwischen 853 und 866.

Mahāvīra
Wirkte im 9. Jh. in Mysore/Südindien. Hindu, Jaina; Mathematiker.
The Gaṇita-sāra-saṅgraha of Mahāvīrācārya. [Sanskrit u. engl.] Ed. M. Raṅgācārya. Madras 1912.

Maier, Anneliese
1. *Die Vorläufer Galileis im 14. Jahrhundert.* Rom 1949.
2. *Zu Walter Burleys Traktat: De intensione et remissione formarum.* Franciscan studies. (2) 25 (1965) 293–321.

Malmendier, N.
Eine Axiomatik zum 7. Buch der Elemente von Euklid. Math.-phys. Semesterberichte. 22 (1975) 240–254.

al-Ma'mūn
* 786 Bagdad; † Budendun bei Tarsos/Kleinasien. 813–833 Kalif aus der Dynastie der Abbasiden.

Manitius, Carolus
s. Geminos von Rhodos; Proklos [3]; Ptolemaios [2].

al-Manṣūr
Ab 754 Kalif aus der Dynastie der Abbasiden; residierte in Bagdad.

Manzoni, Domenico
* Oderzo. Rechenmeister im 16. Jh.
Quaderno doppio col suo giornale secondo il costume di Venetia. Venedig 1534. [Zit. nach Kheil [3].]

Marie, Jean François (Abbé)
s. La Caille [2].

Marre, Aristide
s. al-Bannā' [1]; Chuquet [1].

Marshack, Alexander
The roots of civilisation. London 1972.

Martianus (Mineus Felix) Capella
Wirkte um 400 n.Chr.; aus Karthago.
De nuptiis Philologiae et Mercurii libri 9. Ed. Ad. Dick. Leipzig 1925.

Maser, H.
s. Gauß [3].

Masotti, Arnaldo
s. Tartaglia [2].

al-Masᶜūdī (Abū al-Ḥasan ᶜAlī ibn al-Ḥusain ibn ᶜAlī al-Masᶜūdī)
* vor 1912 Bagdad; † um 957 Kairo. Machte ausgiebige Reisen durch Syrien, Ägypten, China [?]; schrieb um 947 eine historisch-geographische Enzyklopädie und um 957 ein Werk über Naturphilosophie.

Matvievskaja, G.P.
1. *K istorii učenija o čisle na crednevekovom bližnem i srednem vostoke.* [Über die Geschichte des Zahlbegriffs im mittelalterl. Nahen u. Mittleren Osten. Russ.] 17 (1966) 273–280. Istoriko-matematičeskie issledovanija.
2. *Učenie o čisle na srednevekovom bližnem i srednem vostoke.* [Der Zahlbegriff im mittelalterl. Nahen u. Mittleren Osten. Russ.] Taschkent 1967.

Matzka, Wilhelm
Burgi (Jobst) et sens Népérien du mot logarithme. Bull. bibliographie d'hist. et de biographie mathématiques. 6 (1860) 62–69.

Mautz, Otto
Zur Basisbestimmung der Napierschen und Bürgischen Logarithmen. Basel 1919. = Beilage Jahresber. Gymn. Basel 1918/19.

Maximos Planudes
* um 1255; † um 1310. Byzantinischer Mönch aus Nikomedeia; Grammatiker, Archäologe, Übersetzer.
1. *Das Rechenbuch des Maximus Planudes* (Μαξίμου μοναχοῦ τοῦ Κλανούδη Ψηφοφορίε κατ' Ἰνδοὺς ἡ λεγομένη μεγάλη). Ed. C.I. Gerhardt. Halle 1865. Nachdr. Walluf 1973.
2. *Das Rechenbuch des Maximus Planudes,* aus dem Griech. übers. von H. Wäschke. Halle 1878.
3. *Maxime Planude, calcul indien.* Ed. A. Allard. (= Société de Belles Lettres. – Collection byzantine. [in Druck].)

Mazzinghi
s. Antonio de Mazzinghi da Peretola.

MCT
Mathematical cuneiform texts
s. Neugebauer/Sachs.

Medovoj, M.I.
Ob arifmetyčeskom traktate Abu-l-Vafy [Über die arithmetische Abhandlung des Abū-ăl-Wafā'. Russ.] Voprosy istor. estesvozn. techn. 1954, 8, 101–106.
s. al-Nasawī.

Mehmke, Rudolf
Numerisches Rechnen, in: Encyklopädie d. math. Wissenschaften. Bd 1, T. 2. Leipzig 1900/04, 938–1079.

Meinert, Friedrich
* 1757 Göllschau b. Hainau; † 1828 Schweidnitz. Prof. der Philosophie an der Univ. Halle; dann in der preuß. Armee; daneben Lehrer der Fortifikation in Berlin.
Lehrbuch der Mathematik. Bd 1–3. Halle 1789–1795. 1. Gemeine und allgemeine Arithmetik. 1789.

Meissner, Bruno
Babylonien und Assyrien. Bd 1.2. Heidelberg 1920–1925. Bd 2, Kap. 21: Die Natur- und exakten Wissenschaften.
Menaichmos
Wirkte im 4. Jh. v.Chr. Griechischer Astronom und Geometer; Schüler des Eudoxos.
Mendthal, H.
Geometria Culmensis. Ein agronomischer Tractat aus der Zeit d. Hochmeisters Conrad v. Jungingen (1393–1407). Leipzig 1886.
Menelaos
Griechischer Mathematiker (Trigonometrie) um die Wende des 1./2. Jhs. n.Chr.; aus Alexandria.
Menge, Heinrich
s. Euklid [1].
Menninger, Karl
Zahlwort und Ziffer. Eine Kulturgeschichte der Zahl. 2. Aufl. Bd 1.2, Göttingen 1958.
Meray, Charles
* 1835 Chalon-sur-Saône; † 1911 Dijon. Prof. der Mathematik an der Univ. Dijon.
1. *Remarques sur la nature des quantités définies par la condition de servir de limites des variables données.* Revue des Soc. Savantes. (Sciences math., phys. et natur.) Ser. 2, 4 (1869) 280–289.
2. *Leçons nouvelles sur l'analyse infinitesimal et ses applications géometriques.* T. 1: Principes généraux. Paris 1894.
Mercator, Nicolaus
* um 1620 Eutin; † 1687 Paris. Mathematiker und Astronom; studierte in Kopenhagen; ging um 1653 nach London und trat 1683 in französische Dienste, um bei der Anlage der Wasserwerke von Versailles mitzuwirken.
1. *Logarithmotechnia.* London 1668.
2. *Some illustration of the Logarithmotechnia of M. Mercator, who communicated it to the publisher, as follows.* Philos. trans. 3, Nr. 38 (1668) 759–764.
s. Hofmann, J.E. [1]; Kinckhuysen.
Mersenne, Marin
* 1588 Oizé; † 1648 Paris. Jesuit, der mit den bedeutendsten Mathematikern seiner Zeit korrespondierte und zwischen ihnen Korrespondenz vermittelte.
Mesarites, Nikolaos
* 1163 oder 1164 in Konstantinopel; † um 1220. Hoher geistlicher Würdenträger in Byzanz, später am Hofe zu Nikaia; dann Erzbischof von Ephesus.
Meschkowski, Herbert
Mathematisches Begriffswörterbuch. 2. Aufl. Mannheim 1967.
Metius (Adriaanszoon), Adriaan
* 1571 Alkmaar; † 1635 Franeker. Holl. Mathematiker u. Mediziner; Prof. an der Univ. zu Franeker in Holland.
Arithmeticae et geometriae practica. Franeker 1611.
Metrodorus
Lebte im 5./6. Jh. n.Chr.; gab 46 arithmetische Epigramme der „Griechischen Anthologie" heraus, die aber meistens aus einer früheren Zeit stammen.
s. Anthologia Graeca.
Mikami, Yoshio
The development of mathematics in China and Japan. Leipzig 1913. (= Abh. Gesch. Math. 30.)
s. Smith/Mikami.
Mittag-Leffler, Gösta Magnus
* 1846 Stockholm; † 1927 ebd. Schwedischer Mathematiker; Schüler von Weierstraß; Prof. an der Univ. Stockholm.
Die Zahl: Einleitung zur Theorie der analytischen Funktionen. Tohoku math. j. 17 (1920) 157–209.
MKT
Mathematische Keilschrifttexte
s. Neugebauer [7].
Močnik, Franz
Anleitung zum Rechnen für die 2. und 3. Klasse der Pfarr- und Hauptschule. Görz 1848.
Möller, Arnold
Schreib- und Rechenmeister in Lübeck.
Ernewte Grundliche Anweisung in die Nützbare Rechenkunst auff alle gebräuchliche Kauffmanschafft.
Lübeck 1635.
Moivre, Abraham de
* 1667 Vitry-e-François; † 1754 London. Französischer Mathematiker; floh 1688 (nach dem Revokationsedikt von 1685) nach England, wo er als Privatlehrer lebte und Arbeiten über Wahrscheinlichkeitsrechnung und Winkelfunktionen veröffentlichte; Mitgl. der Royal Society, der Berliner Akademie der Wissenschaften und der Académie des Sciences, Paris.
s. Schneider, Ivo [1].
Mollweide, Carl Brandan
s. Klügel [2].
Mommsen, Theodor
1. *Zahl- und Bruchzeichen.* Hermes 22 (1887) 596–614. *Zu den römischen Zahl- und Bruchzeichen.* Hermes 23 (1888) 152–156.
2. *Zur lateinischen Anthologie.* Rheinisches Museum f. Philologie. N.F. 9 (1854) 297–298.
s. Schriften der römischen Feldmesser.
Monier-Williams, Monier
A Sanskrit-English dictionary. 3. Aufl. Oxford 1960.

Moody, Ernest A./Clagett, M.
The medieval science of weights. (Scientia de ponderibus.) Treatises ascr. to Euclid, Archimedes, Thabit ibn Qurra, Jordanus de Nemore and Blasius of Parma. Mit engl. Übers. u. Komm. Madison 1952.

Moschopulos, Manuel
* 1265; † um 1315.
Byzantinischer Humanist und Mathematiker; Schüler und Freund des Maximos Planudes; einer der größten Philologen der frühen Palaiologenzeit.

Moses ben Tibbon (Moses ben Samuel ben Tibbon)
* in Marseille; wirkte zwischen 1240 und 1283 in der Provence als Übers. von arab. Texten ins Hebräische.

Mouraille, Joseph Raymond
Traité de la résolution des équations en général. Marseille, Paris 1768. [Zit. nach Cajori [1; 133].]

Moxon, Joseph
* 1627 Wakefield; † 1700 London. Engl. Drucker, Mathematiker u. Hydrograph; Mitgl. der Royal Society.
Canones sinuum tangentium, secantium pro sinibus et tangentibus. London 1657. Angeb. an: Oughtred. W.: Trigonometria. 1657.

Müller, Christian Friedrich
Henricus Grammateus u. sein Algorismus de integris. Zwickau 1896. = Beil. Jahresber. Gymn. Zwickau 1895/96.

Müller, Felix
Zur Terminologie der ältesten mathematischen Schriften in deutscher Sprache. Abh. Gesch. Math. 9 (1899) 301–333.

Müller, Johann Ulrich
Neu ausgeschmückte teutsche Mathematic. Ulm 1696.

Mūsā ibn Šākir
s. Banū Mūsā.

Mylius, C.
s. Clairaut [2].

Mynors, R.A.B.
s. Cassiodorus.

N
s. Needham.

al-Nadīm (Ibn Abī Ya^cqūb al-Nadīm)
* 995; aus Bagdad; verfaßte den Fihrist.
s. Suter [1].

Nagl Alfred
1. *Über eine Algorismus-Schrift des 12. Jhs. und über die Verbreitung der indisch-arabischen Rechenkunst u. Zahlzeichen im christl. Abendlande.* Z. Math. Phys., hist.-lit. Abt. 34 (1889) 129–146, 161–170.
2. *Die Rechentafel der Alten.* Wien 1914. (= Sitzungsber. Ak. Wiss. Wien, phil.-hist. Kl. 177, 5.)
s. Johannes de Muris [2]; s. Radulph von Laon.

Napier (Neper), John
* 1550 Merchiston Castle bei Edinburgh; † 1617 Merchiston C. Mathematiker; Puritaner; Grundherr von Merchiston.
1. *Mirifici logarithmorum canonis descriptio.* Edinburgh 1614.
2. *A description of the admirable table of logarithmes.* Engl. Übers. [von 1] von E. Wright. London 1616. Nachdr. Amsterdam, New York 1969.
3. *Rabdologiae, seu numerationis per virgulas libri duo.* Edinburgh 1617. Nachdr. Osnabrück 1966.
4. *Mirifici logarithmorum canonis constructio.* Leiden 1620. Nachdr. Paris 1895.
5. *The construction of the wonderful canon of logarithms.* Aus d. Lat. [4] übers. u. komm. von William Rae Macdonald. London 1889. Nachr. London 1966.
6. *De arte logistica.* Ed. M. Napier. Edinburgh 1839. [Ms. vor 1592, s. S. XLII.]
s. Gravelaar; Gridgeman; Ursinus [1].

Napier, Mark
s. Napier, John [6].

Nārāyaṇa, Paṇḍita
Indischer Mathematiker um 1350; Verf. eines Werkes über Arithmetik und eines über Algebra.

Narducci, Enrico
s. Chuquet [2].

al-Nasawī (Abū al Ḥasan ^cAli ben Aḥmad al-Nasawī)
Persischer Mathematiker; wirkte in Bagdad von 1029–1044.
Dostatočnoe ob indijskoj arifmetike. [Das Befriedigende über die indische Arithmetik. Russ.] Übers. aus dem Arab. von M. I. Medovoj, Anm. von Medovoj und B. A. Rozenfeld'. Istoriko-matematičeskie issledovanija. 15 (1963) 381–430.
s. Suter [5].

Nau, François (Abbé)
Notes d'astronomie syrienne. J. asiatique. (10) 16 (1910) 209–228.

Naux, Charles
Histoire des logarithmes de Neper à Euler. Bd 1.2. Paris 1966–1971.

Nave, Annibale della
* ca. 1500; † 1558. 1526–1558 Prof. in Bologna; Nachfolger und Schwiegersohn von Scipione del Ferro.

al-Nayrīzī (Abū al-^cAbbas al-Faḍl ibn Ḥātim al-Nayrīzī)
† ca. 922. Astronom und Mathematiker.
Anaritii in decem libros priores Elemen-

torum Euclidis commentarii ex interpretatione Gherardi Cremonensis. Ed. M. Curtze. Leipzig 1899.

Needham, Joseph [N]
Science and civilisation in China. Cambridge. Bd 2: History of scientific thought. 1956; Bd 3: Mathematics and the sciences of heavens and the earth. 1959.
s. Wang/Needham.

Neophytos
Um 1200 gibt es in Byzanz mehrere Mönche dieses Namens. Eine genaue Identifikation ist nicht möglich.
s. Tannery [3].

Neper
s. Napier.

Nesselmann, G.H.F.
Versuch einer kritischen Geschichte der Algebra der Griechen. Berlin 1842.
s. Bahā' al-Dīn.

Netto, Eugen
s. Gauß [6].

Neudörfer (Neudörffer), Anton
† 1628 Regensburg. Schreib- und Rechenmeister in Nürnberg.
Künstliche und Ordentliche Anweyßung der gantzen Practic . . . [über Arithmetik]. Nürnberg 1599.

Neugebauer, Otto
1. *Die Grundlagen der ägyptischen Bruchrechnung.* Berlin 1926.
2. *Zur Entstehung des Sexagesimalsystems.* Göttingen 1927. (= Abh. Ges. Wiss. Göttingen. Math.-phys. Kl. N.F. 31, 1.)
3. *Über die Entstehung des Sexagesimalsystems.* [Antwort auf eine Kritik.] Archeion 9. 1928, 2/3, 209–215.
4. *Arithmetik und Rechentechnik der Ägypter.* Quellen u. Studien Gesch. Math. Abt. B. 1 (1931) 301–380.
5. *Vorlesungen über Geschichte der antiken mathematischen Wissenschaften.* Bd 1: Vorgriechische Mathematik. Berlin 1934.
6. *Besprechung von Datta und Singh.* History of Hindu mathematics. Quellen u. Studien Gesch, Math. Abt. B. 3 (1936) 263–271.
7. *Mathematische Keilschrifttexte [MKT].* T. 1–3. 1935–1937. (= Quellen und Studien Gesch. Math. A 3.)
8. *The exact sciences in antiquity.* 2. Aufl. Providence/Rhode Isl. 1957. Nachdr. New York 1962.
s. al-Ḫwārizmī [7]; Neugebauer/Pingree; Ptolemaios [2].

Neugebauer, O./Parker, R.A.
Egyptian astronomical texts. 1: The early decans. Providence/Rh.Isl., London 1960.

Neugebauer, O./Pingree, D.
The Pañcasiddhāntika of Varāhamihira. Bd 1.2. Kopenhagen 1970–1971.

Neugebauer, O./Sachs, A.J.
Mathematical cuneiform texts [MCT]. New Haven 1945. (= Amer. oriental series. 29.)

Neumann, Hubert
Die erste Lokomotive kam mit dem Fuhrwerk. Südd. Zeitung 31 (1975) Nr. 227 v. 3.10., 22.

Neumann, Johann von
* 1903Budapest; † 1957 Washington. Prof. der Mathematik in Berlin u. Princeton.
Zur Einführung der transfiniten Zahlen. (Acta Szeged. 1 (1923) 199–208). In: Coll. works. Ed. A.H. Taub. Bd 1. Oxford [usw.] 1961, 24–33.

Neumann, Max
Geschichte des Wuchers in Deutschland. Halle 1865. Nachdr. Leipzig 1969.

Neun Bücher
Neun Bücher arithmetischer Technik, übers. von K. Vogel,
s. Chiu Chang Suan Shu [3].

Newton, Isaac
* 1642 [1643] Wholsthorpe bei Grantham/Lincoln; † 1727 Kensington. Prof. d. Mathematik in Cambridge; ab 1699 Königl. Münzmeister und Präsident der Royal Society.
1. *Opera quae extant omnia.* Ed. S. Horsley. Bd 1–5. London 1779–1785. Nachdr.: Stuttgart-B. Cannstatt 1964.
2. *The mathematical papers.* Ed. D.T. Whiteside. Bd 1–6 [bisher ersch.] Cambridge 1967–1974. [Umfassen die Jahre 1664–1691].
3. *Annotations from Wallis* (1664?), in [2; **1**. 1967, 89–142].
4. *De analysi per aequationes numero terminorum infinitas (1669?),* in [1; **1**. 1779, 253–282] u. [2; **2**. 1968, 206–247].
5. *Philosophiae naturalis principia mathematica.* (London 1687.) 2. Aufl., ed. R. Cotes, Cambridge 1713.
6. *Arithmetica universalis.* (Cambridge 1707.) Leiden 1732. In [1; 1, 1–229]).
7. *Analysis per quantitatum series, fluxiones ac differentias cum enumeratione linearum tertii ordinis.* Ed. W. Jones. London 1711.
8. *La méthode des fluxions.* Ed. G.L. de Buffon. Paris 1740.

Nikolaos Artabasdos Rhabdas
Stammte aus Smyrna, armenischer Herkunft (vgl. Petrosjan [2; 139]); wirkte um 1341 als Mathematiker in Byzanz.
Notice sur les deux lettres arithmétiques de Nicolas Rhabdas [griech. u. franz.], in: Tannery [1; **4**, 61–198].

Nikomachos von Gerasa (G. im heutigen Jordanien)

Neupythagoreischer Mathematiker des 2. Jhs. n. Chr.
1. *Introductionis arithmeticae libri II.* Ed. R. Hoche. [Griech.] Leipzig 1866.
2. *Introduction to arithmetic.* Engl. übers. [von 1] von M. L. d'Ooge, bearb. von F. E. Robbins and L. C. Karpinski. New York 1926.
s. Iamblichos von Chalkis.

Nīlakaṇṭha
* 1444 Tṛ-k-kaṇṭiyūr bei Tirur/Kerala; † nach 1501. Indischer Astronom.
s. Āryabhaṭa I [2].

Nix, Ludwig L. M.
s. Heron von Alexandria.

Noback, Friedrich
Münz-, Maass- und Gewichtsbuch. 2. Aufl. Leipzig 1877.

Norton, Robert
s. Stevin [3].

Noviomagus, Johannes
s. Bronkhorst.

Nový, Lubos
Origins of modern algebra. Leiden 1973.

O'Creat, H. oder N.
Mathematiker im 12. Jh.; Schüler von Adelard von Bath.
Prologus N. Ocreati in Helceph ad Adelardum Batensem magistrum suum. Fragment sur la multiplication et la division. Ed. Ch. Henry. Abh. Gesch. Math. 3 (1880) 129–139.

Oechelhäuser, Adolf von
Die Miniaturen der Universitätsbibliothek zu Heidelberg. Bd 1.2. Heidelberg 1887–1895. In Bd 2, 27–67: Der Wälsche Gast. (Palm. Germ. 389). [Das berühmte Lehrgedicht des Domherrn von Aquelija, Thomasin von Zercläre.]

Oettingen, Arthur Joachim von
s. Galilei; Huygens [4].

Ohm, Martin
* 1792 Erlangen; † 1872 Berlin. Oberlehrer der Mathematik am Gymnasium zu Thorn, dann Prof. an d. Univ. Berlin und Lehrer an versch. Kriegsschulen.
Die reine Elementarmathematik. Bd 1. Berlin 1825 (2. Aufl. 1834).

Oldenburg, Heinrich
* ca. 1618 Bremen; † 1677 London. Sekretär der Royal Society.

Olleris, Alexandre
s. Gerbert von Aurillac [1].

Ooge, M. L. d'
s. Nikomachos [2].

Oresme, Nicole
* zwischen 1320 u. 1325 in der Normandie; † 1382 Lisieux. Französischer Mathematiker, Ingenieur und Staatswirtschaftler.
1. *Der Algorismus proportionum des Nicolaus Oresme.* Ed. M. Curtze. Berlin 1868.
2. *Part I of Nicole Oresme's Algorismus proportionum.* Engl. Übers. u. Anm. von E. Grant. Isis. 56 (1965) 327–341.
3. *De proportionibus proportionum and Ad pauca respicientes.* Mit engl. Übers., ed. E. Grant. Madison/Milwaukee, London 1966.

Ortega, Juan de
* ca. 1480 Palencia/Spanien; † ca. 1568. Lehrte Arithmetik und Geometrie in Spanien und Italien; verfaßte eine Aritmética, die ihn in ganz Europa berühmt machte.
Tractado subtilisimo d'aritmética y de geometria. Barcelona 1512.

Oughtred, William
* 1574 oder 1575 Eton; † 1660 Albury bei Guildford. Englischer Landpfarrer; Mathematiker.
1. *Clavis mathematicae.* (1. Aufl. u. d. T.: Arithmeticae . . . quasi Clavis mathematicae est. London 1631.) 4. Aufl. Oxford 1667.
2. *Elementi decimi Euclidis declaratio.* Oxford 1662.
3. *Opuscula mathematica hactenus inedita.* Oxford 1677.

Ozanam, Jacques
* 1640 Bouligneux; † 1717 Paris. Mathematiklehrer in Lyon und Paris; Mitgl. der Académie Roy. des Sciences.
Récréations mathématiques et physiques. (Bd 1.2. Paris 1694.) Bd 1–4. Paris 1741.

Pachymeres, Georgios
* 1242; † ca. 1310. Byzantinischer Philosoph u. Geschichtsschreiber.
Quadrivium de Georges Pachymère. Bearb. von E. Stéphanou, ed. P. Tannery. Vatikanstadt 1940. (= Studi e testi. 94.)

Pacioli, Luca (Luca di Borgo)
* 1445–1450 Borgo S. Sepolcro am Tiber; † 1514 Rom [?]. Minorit; Prof. der Mathematik in Perugia, Neapel, Mailand, Florenz, Venedig und Rom.
Summa de Arithmetica, Geometria Proportioni e Proportionalita. Venedig 1494. a. Pars [1]. b. Pars 2.
s. Jäger [1]; Kheil.

Pāṇini
Sanskrit-Grammatiker; wahrscheinlich im 5./4. Jh. v. Chr. (vgl. Elfering [139] und DS [1, 218]).

Paolo Dogomari (Dell'Abbaco, Paolo)
* um 1281 bei Prato [?]; † zwischen 1365 u. 1372 Florenz. Italienischer Mathematiker, Astronom, Astrologe und Dichter.
1. *Trattato d'aritmetica.* Secondo la lezione del Cod. Magliabechiano XI, 86 della Bibl. Naz. di Firenze. Ed. G. Arrighi. Pisa 1964. (= Testimonianze di storia della scienza. 2.)
2. *Regoluzze.* Secondo la lezione del Cod. 2511 della Bibl. Riccardiana di Firenze. Ed. G. Arrighi. Firenze 1966.

Paolo di Middelburg
* 1445 Middelburg/Holland; † 1533 Rom. Prof. der Astronomie an der Univ. Padua; später Bischof von Fossombrone.
s. Struik.

Paolo Gherardi
Wirkte Anfang des 14. Jhs.; Florentiner Mathematiker.
Trattato d'abbaco, geschr. 1327, s. Arrighi [2].

Pappos von Alexandria
Griechischer Mathematiker um 300 n. Chr.
1. *Pappi Alexandrini collectiones quae supersunt.* [Griech. u. lat.] Ed. F. Hultsch. Bd 1–3. Berlin 1876–1878.
2. *Pappus d'Alexandrie. La collection mathématique.* Franz. Übers. u. Komm. von P. Ver Eecke. Bd 1.2. Paris, Brügge 1933.
s. Theon von Alexandria.

Papyrus Aḫmīm
6./7. Jh.
Le papyrus mathématique d-Akhmīm. Ed. J. Baillet. Mem. Mission Archéol. Franç. au Caire, Paris. 9,1 (1892) 1–89.

Papyrus Erzherzog Rainer
Papyrus Erzherzog Rainer, Führer durch die Ausstellung. Bearb. von J. Karabacek. Wien 1894.

Papyrus Graecus Vindobonensis 19996
s. Gerstinger/Vogel.

Papyrus Michigan
Michigan Papyri. Bd 3: Miscellaneous Papyri. Ed. by J. G. Winter. Ann Arbor 1936.

Papyrus Moskau
Aus dem 18. Jh. v. Chr., nach Vorlagen des 19. Jh. v. Chr. (vgl. Struve [39]).
Mathematischer Papyrus des Staatlichen Museums der Schönen Künste in Moskau. Ed. W. W. Struve. Berlin 1930. (= Quellen u. Studien Gesch. Math. A 1.)

Papyrus Rhind
Benannt nach d. ersten Besitzer; geschr. von dem Schreiber Ahmes im 16. Jh. v. Chr., wohl nach Vorlagen des 19. Jh. v. Chr.
1. *The Rhind mathematical papyrus.* Mit Transkr., Übers. u. Komm., ed. Th. E. Peet. London 1923.
2. *The Rhind mathematical papyrus.* Mit. Faks., Transkr., Übers. u. Komm., ed. A. B. Chace [u.a.] Bd 1.2. Oberlin/USA 1927–1929.

Parameśvara
* nach 1360; † vor 1460. Astronom, der der südindischen Ksala-Schule angehörte; Kommentator klassischer Werke (Āryabhaṭa I, Bhāskara I, Bhāskara II).
s. Sūrya-Siddhānta.

Parker, Richard A.
Demotic mathematical papyri. Providence/ Rhode Isl., London 1972. (= Brown Egyptol. studies. 7.)
s. Neugebauer/Parker; s. Vogel [21].

Pascal, Blaise
* 1623 Clermont-Ferrand; † 1662 Paris. Französischer Mathematiker u. Philosoph.
1. *Oeuvres de Blaise Pascal.* Ed. L. Brunschvicg u. P. Boutroux. Bd 1–3. Paris 1908.
2. *Oeuvres complètes.* Ed. J. Chevalier. Brügge 1954. (= Bibliothèque de la Pléiade. 34.)

Pauliśa-Siddhānta
s. Puliśa-Siddhānta.

Paulos von Alexandria
Lebte im 4. Jh. n. Chr.; Verf. einer „Einführung in die Astrologie".

Pauly/Wissowa
Pauly's Real-Encyclopädie der classischen Altertumswissenschaft. Neue Bearb., begonnen von G. Wissowa. Stuttgart 1894.

Peacock, George
* 1791 Thornton Hall/Denton; † 1858 Ely?; dort begraben. Engl. Mathematiker; Prof. der Astronomie in Cambridge; Mitgl. der Royal Society.
A treatise on algebra. (Cambridge 1830.) 2. Aufl. Bd 1: Arithmetical algebra. Cambridge 1842; Bd 2: On symbolical algebra. Cambridge 1845.

Peano, Giuseppe
* 1858 Cuneo; † 1932 Turin. Prof. der Mathematik in Turin.
1. *Arithmetices principia nova methodo exposita.* Turin 1889. In: Opere scelte. Bd 2. Rom 1958, 20–55.
2. *Formulario mathematico.* 5. Aufl. Turin 1908.
s. Genocchi.

Pediasimus
13./14. Jh. Diakon und Chartophylax von Bulgarien.
Die Geometrie des Pediasimus. Ed. G. Friedlein. Programm Gymn. Ansbach 1866.

Peet, Th. Eric
Besprechung des Papyrus Moskau. J. Egypt. archeology. 17 (1931) 154–160.
s. Papyrus Rhind [1].

Pegolotti, Francesco Balducci
* ca. 1290; † ca. 1347. Florentiner Kaufmann.
La pratica della mercatura. Ed. Allan Evans. Cambridge/Mass. 1936.
s. Vogel [18].

Peletier, Jacques
* 1517 Le Mans; † 1582 Paris. Französ. Arzt u. Schriftsteller; Schulleiter in Le Mans.
1. *L'Aritmétique.* (Poitiers 1552.) 2. Aufl. Lyon 1554.
2. *De fractionibvs astronomicis compendium; Ac primò de earum vsu, serie ac denominatione,* in: Gemma Frisius [164–182].

Pell, John
* 1611 Southwick/Sussex; † 1685 London. Prof. der Mathematik in Amsterdam und Breda; dann Vertreter Cromwells in der Schweiz; später Geistlicher; Mitgl. der Royal Society.
s. Rahn [2].

Pellos, Francesco
* in Nizza, in der zweiten Hälfte des 15. Jhs.
Sen segue de la art de arithmeticha. Turin 1492.

Pepper, Jon V.
Gunter, Edmund, in: DSB [5. 1972, 593 f.].

Pescheck, Christian
* 1676 Zittau; † 1747 Zittau. Lehrer der Mathematik am Gymnasium in Zittau.
1. *Arithmetischer Hauptschlüssel.* Zittau 1741.
2. *Allgemeine Teutsche Rechenstunden.* Verb. Aufl. Zittau u. Leipzig 1765.

Petrosjan, G. B.
1. *O nekotorych voprosach istorii matematiki v drevnei Armenii.* [Über einige Fragen zur Mathematikgeschichte im alten Armenien. Russ.] Voprosy istor. fiz. mat. nauk. 1963, 91–95.
2. *Les sciences mathématiques en Arménie du XIe au XIVe siècle,* in: 12. Congrès Intern. d'Histoire des Sciences, Paris 1968. Actes. Bd 4. Paris 1971, 139–142.

Petrova, S. S.
Sur l'histoire des démonstrations analytiques du théorème fondamental de l'algèbre. Historia math. 1 (1974) 255–261.

Petruck, Marvin
s. Kūšyār ibn Labbān.

Petrus Philomena de Dacia (Petrus Dacus, Peter Nightingale)
Wirkte 1290–1300. Dänischer Dominikaner; Mathematiker u. Physiker; hielt Vorlesungen an der Universität Bologna; lebte 1292–1293 in Paris.
s. Johannes de Sacro Bosco.

Peucer, Caspar
* 1625 Bautzen (Oberlausitz); † 1602 Dessau. Prof. der Mathematik u. Medizin an der Univ. Wittenberg; Schwiegersohn Melanchthons.
Commentarius de praecipuis divinationum generibus. Wittenberg 1553. [Zit. nach Cajori [7].]

Peurbach (Peuerbach, Purbach), Georg von
* 1423 Peuerbach/Oberösterr.; † 1461 Wien. Mathematiker u. Astronom; hielt astronomische Vorlesungen in Ferrara, Bologna u. Padua; 1454 Astronom des Königs Ladislaus von Ungarn; dann Prof. an der Universität Wien, wo Regiomontan sein Schüler und Mitarbeiter war.
1. *Algorithmus.* [Wien um 1510.]
2. *Tractatvs Georgii Pevrbachii super Propositiones Ptolemaei de Sinibus et Chordis.* Nürnberg 1541.

Philolaos
Lebte um 500 v. Chr. Griechischer Philosoph aus Kroton in Unteritalien; Pythagoreer.

Picard, Émile
s. Hermite [1].

Piero della Francesca
* zwischen 1410 u. 1420; Borgo San Sepolcro; † 1492 Borgo S. S. Italienischer Maler.
Trattato d'abaco. Dal Cod. Ashb. 280 (359–391) della Bibl. Med. Laur. di Firenze. Ed. G. Arrighi. Pisa 1970. (= Testimonianze di storia della scienza. 6.)
s. Jayawardene.

Pillai, Sūranād Kunjan
s. Aryabhata I [2].

Piṅgala
Verfaßte im 2. Jh. v. Chr. das „Chandaḥsūtra", eine Schrift über die Metrik der Veden.

Pingree, David
s. Neugebauer/Pingree.

Pirckenstein, Ant. Ernst Burckhart von
s. Euklid [9].

Pistelli, Ermenegildo
s. Iamblichos von Chalkis [1].

Pitiscus, Bartholomaeus
* 1561 Grünberg/Schlesien; † 1613 Heidelberg. Hofprediger in Heidelberg z. Zt. Friedrichs IV. von der Pfalz.
Trigonometriae, Siue De dimensione Triangulorum Libri qvinqve. Frankfurt 1612.

Planudes
s. Maximos Planudes.

Plato von Tivoli (Plato Tiburtinus)
Italienischer Mathematiker, Astronom und Astrologe, der von 1134 bis 1145 in Barcelona lebte; übersetzte aus d. Arabi-

schen u. Hebräischen ins Lateinische.
s. Abraham bar Ḫijja.

Platon
* 427 Athen; † 347 Athen.
1. *Opera*. Ed. J. Burnet. Bd 1–5. Oxford 1900–1907. Nachdr. 1967.
2. *Sämtliche Werke*. Dt. Übers. v. F. Schleiermacher. Ed. W. F. Orto, E. Grassi, G. Plamböck. Bd 1–6. Hamburg 1958–1960. (= Rowohlts Klassiker. 1/1a. 14. 27/27a. 39. 47. 54/54a.)
3. *Scholion zu Charmides 165E*, in: Platonis Dialogi, ed. C. F. Hermann. Bd. 6. Leipzig 1853, 290.

Plautus, Titus Maccius
* um 250 v. Chr.; † um 184 v. Chr. Römischer Kommödiendichter aus Sarsina in Umbrien.
Miles gloriosus. In: Comoediae. Bd 2. Oxford 1953.

Plinius (d. Ä.) (Gaius Plinius Secundus)
* 23 n. Chr. Como; † 79 b. Ausbruch des Vesuvs. Lat. Schriftsteller; Offizier.
Natural history. (Historia naturalis.) [Lat. u. engl.] Engl. Übers. v. H. Rackham [u.a.] Bd 1–10 (Libri 1–37). Cambridge, London 1938–1963. [Bd 10: 1962.]

Plooij, Edward Bernard
Euclid's conception of ratio and his definition of proportional magnitudes as criticized by Arabian commentators. (Incl. the text in facs. with transl. of the comm. on ratio of Abū ᶜAbd Allāh Muḥammad ibn Muᶜāhd al-Djajjānī). (Diss. Leiden.) Rotterdam 1950.

Podetti, Francesco
La teoria delle proporzione in un testo del XVII secolo. Bolletino bibliogr. storia scienze mat. fis. 15 (1913) 1–8.

Polack, Johann Friedrich
Mathesis forensis, worinnen die Rechenkunst, Geometrie, Baukunst, Mechanik . . . abgehandelt . . . wird. 4. Aufl. Leipzig 1770.

Polo, Marco
* 1254 Venedig; † 1324 Venedig. Bedeutendster Reisender des Mittelalters, der den Fernen Osten aufsuchte.
The book of Ser Marco Polo the Venetian, concerning the kingdoms and marvels of the East. Ed. Henry Yule. Bd 1.2. London 1874.

Poncelet, Jean Victor
* 1788 Metz; † 1867 Paris. Als Ingenieuroffizier 1812–1814 in russischer Gefangenschaft. Hauptwerk: „Traité des propriétés projectives des figures", 1822.

Porphyrios (Malchos)
* 234 Tyros; † ca. 304. Griechischer Philosoph des Neuplatonismus; Schüler von Plotin u. Herausgeber seiner Schriften.

Pott, August Friedrich
Die Sprachverschiedenheit in Europa an den Zahlwörtern nachgewiesen, sowie die quinäre und vigesimale Zählmethode. Halle 1868. Nachdr. Walluf 1970.

Powell, Marvin A.
Sumerian area measures and the alleged decimal substratum. Z. f. Assyriologie. 62 (1972) 165–221.

Přihonsky, Franz
s. Bolzano [3].

Prösler, Hans
s. Handlungsbuch.

Proklos, Diadochos
* 411 (410 [?]); † 485; aus Konstantinopel. Neuplatonischer Philosoph, Mathematiker und Astronom.
1. *In primum Euclidis elementorum librum commentarii.* Ed. G. Friedlein. Leipzig 1873.
2. *Kommentar zum ersten Buch von Euklids „Elementen".* Dt. Übers. von L. Schönberger, ed. M. Steck. Halle 1945.
3. *Hypotyposis astronomicarum positionum.* Ed. C. Manitius. Leipzig 1909.

Prosdocimo de Beldomandi
s. Beldomandi.

Pṛthūdakasvāmī
Kommentator zu Brahmagupta; um 860.

Ptolemaios, Klaudios (Ptolemäus, Claudius)
* um 100 Ptolemais/Oberägypten; † 160 vermutl. Canopus. Astronom, Mathematiker u. Geograph; wirkte in Alexandrien.
1. *Opera quae extant omnia.* Bd 1–3 [unvollst.]. Ed. J. L. Heiberg. Leipzig 1898–1952. Bd 1.1: Syntaxis mathematica, 1898.
2. *Des Claudius Ptolemaeus Handbuch der Astronomie* [Syntaxis mathematica, dt.]. Übers. von K. Manitius. (Leipzig 1912.) 2. Aufl. ed. O. Neugebauer. Bd 1.2. Leipzig 1963.
s. Theon von Alexandria.

Puliśa-Siddhānta
(Siddhānta = klassisches Werk); gehört zu den fünf astronomischen Siddhāntas (Pañca-Siddhantikā, s. Varāhamihira). Da der Urtext verloren ist, nur durch Varāhamihira u. dessen Kommentatoren bekannt, die sich auf einen Griechen namens Puliśa (Paul) berufen; nach Sarton [2; 1, 386 f.]) eines der ersten grundlegenden indischen trigonometrischen Werke aus der ersten Hälfte des 5. Jhs. n. Chr.

Pullan, J. M.
The history of the abacus. New York, Washington 1969.

Pythagoras
* um 570 v. Chr.; † um 497/96 v. Chr. Metapont. Griech. Philosoph; aus Samos; gründete in Kroton in Unteritalien eine religiöse Gemeinschaft mit sittlichen und wissenschaftlichen Zielen.

al-Qalaṣādī (Abū al-Ḥasan ᶜAlī ibn Muḥammad ibn ᶜAlī)
* 1412 Baṣṭā (jetzt Baza)/Spanien; † 1486 Béja/Tunesien. Wirkte haupts. in Granada; letzter bedeutender Mathematiker der Araber in Spanien.
Traduction du traité d'arithmétique d'Aboūl Haçan Alī Ben Mohammed Alkalçādī. Franz. Übers. v. F. Woepcke. Atti dell'Accad. Pont. de'Nuovi Lincei. 12 (1859) 230–275 u. 399–438. In: Recherches sur plusieurs ouvrages de Léonard de Pise ... et sur les rapports qui existent entre ces ouvrages et les travaux mathématiques des Arabes. Ed. B. Boncompagni u. F. Woepcke. Bd 1.2. Rom 1859.

al-Qifṭī
s. Ibn al-Qifṭī.

Quibell, J. E.
Hierakonpolis. Part 1. London 1900. (= Egyptian research account. 4.)

Qusṭā ibn Lūqā (Qusṭā ibn Lūqā al Balabakkī)
* Baalbek (Heliopolis)/Syrien; † um 912 in Armenien. Christ, griechischen Ursprungs; Arzt, Philosoph, Astronom, Mathematiker und Übersetzer.
s. Diophant [5]; Suter [6].

Radulph von Laon (Raoul)
† ca. 1133. Unterstützte seinen Bruder Anselm (Theologe) im Lehramt in Laon u. Paris.
Der arithmetische Tractat des Radulph von Laon. Ed. A. Nagl. Abh. Gesch. Math. 5 (1890) 85–134.

Rahn, Johann Heinrich
* 1622 Töß; † 1676 Zürich. Mathematiker; Zensor und Zeugherr in Zürich; später Obervogt in Küßnacht u. Seckelmeister des Standes Zürich.
1. *Teutsche Algebra oder Algebraische Rechenkunst.* Zürich 1659.
2. *An introduction to algebra.* Engl. Übers. [von 1] von Th. Brancker, bearb. von John Pell. London 1668.

Ramanujacharia, N.
s. Śrīdhara [2].

Ramus, Petrus (La Ramée, Pierre de)
* 1515 Cuth/Picardie; † 1572 Paris. Französischer Humanist u. Philosoph; Prof. am Collège Royal de France; als Hugenotte mehrfach verfolgt und in der Bartholomäusnacht ermordet.
1. *Arithmeticae libri tres.* Paris 1555.
2. *Arithmetica.* Paris 1562.
3. *Scholarum mathematicarum libri unus et triginta.* Basel 1569.
4. *Arithmeticae libri duo. Geometriae septem et viginti.* Basel 1569.
5. *Arithmeticae libri duo: geometriae septem et viginti.* Ed. L. Schoner. Frankfurt 1599.

Raṅgācārya, M.
s. Mahāvīra.

Raphson, Joseph
* 1697 London; † 1717 London. Mitgl. der Royal Society.
Analysis aequationum universalis. London 1690. [Zit. nach Newton [2; 2, 219].]

Rashed, Roshdi
1. *L'induction mathématique: al-Karajī, as-Samaw'al.* Arch. hist. ex. sciences. 9 (1972/73) 1–21.
2. *Résolution des équations numériques et algèbre: Šaraf-al-Dīn al-Ṭūsī, Viète.* Arch. hist. ex. sciences. 12 (1974) 244–290.
3. *Les travaux perdus de Diophante.* Revue d'hist. sciences. 17 (1974) 97–122; 18 (1975) 3–30.
s. al-Samaw'al.

Raßmann, Ernst
Lehrer an der Real- u. Provinzial-Gewerbeschule zu Münster.
Rechenbuch für Handwerkerschulen. Münster 1854.

Rath, Emil
1. *Über ein deutsches Rechenbuch aus dem 15. Jahrhundert.* Bibl. math. (3) 13 (1912/13) 17–22.
2. *Über einen deutschen Algorismus aus dem Jahr 1488.* Bibl. math. (3) 14 (1913/14) 244–248.

Raymond, Irving W.
s. Lopez/Raymond.

Real-Encyclopädie
Real-Encyclopädie der classischen Altertumswissenschaft.
s. Pauly/Wissowa.

Recorde (Record), Robert
* 1510 [?] Tenby/Pembrokeshire; † 1558 London (Southwark prison). Hielt math. Vorlesungen in Oxford; später Arzt in London; eine Zeit lang Leibarzt König Eduards VI.
1. *The grovnd of artes.* London [1541, 1542 od. 1543?]. Nachdr. Amsterdam, New York 1969.
2. *The whetstone of witte.* London 1557. Nachdr. Amsterdam, New York 1969.

Rees, Kaspar Franz de
* in Roermond/Holland; war 1708 Priester; Gelegenheitsdichter, Verf. mehrerer Rechenbücher.
Allgemeine Regel der Rechenkunst. 3. Aufl. Göttingen 1751.

Regiomontanus (Müller, Johannes)
* 1436 Unfinden bei Königsberg/Franken;

† 1476 Rom. Schüler von Peurbach in Wien; ging mit Kardinal Bessarion zu Studienzwecken nach Italien; dann Hofastronom des Königs Matthias Corvinus von Ungarn; 1471 eigene Sternwarte und Druckerei in Nürnberg.
1. *De triangulis omnimodis libri quinque. (1462/64).* Ed. J. Schöner. Nürnberg 1533.
2. *Opus tabularum directionum profectionumque. (1464/67).* Augsburg 1490.
3. *Der Briefwechsel Regiomontans mit Giovanni Bianchini, Jacob von Speier und Christian Roder,* in: Curtze: Urkunden z. Gesch. der Mathematik im MA. Th. 1. Abh. Gesch. math. Wiss. 12 (1902) 185–336.
s. Codex Plimpton 188.

Reich, Karin
s. Viète [12].

Reidt, Friedrich / Wolff, Georg
Die Elemente der Mathematik. (Vorstufe.) Rechnen, H. 2. 4. Aufl. Hannover, Paderborn 1955.

Reifler, Erwin
The philological and mathematical problems of Wang Mang's standard grain measures. The earliest Chinese approximation to π. Jubilee volume in honour of Dr. Li Chi, Seattle 1965, 387–402.
[Herr Reifler hat uns dankenswerterweise ein Ms. bereits vor der Veröffentlichung zur Verfügung gestellt.]

Reimarus Ursus, Nicolaus
Wirkte Ende des 16. Jhs. als Mathematiker und Astronom; besuchte 1584 Tycho Brahe auf Hven; lehrte in Kassel und Straßburg [?]; Kaiserlicher Mathematiker in Prag.

Reinaud, Joseph-Toussaint
Memoire géographique, historique et scientifique sur l'Inde, antérieurement au milieu du XIe siècle de l'ère chrétienne. Paris 1849.

Reineke, Walter Friedrich
Der Zusammenhang der altägyptischen Hohl- und Längenmaße. Mitt. Inst. Orientforschg. Ak. Berlin. 9 (1963) 145–163.

Reiner, Karl
Die Terminologie der ältesten mathematischen Werke in deutscher Sprache nach den Beständen der Bayer. Staatsbibliothek. Diss. München 1961.

Reisch, Gregor
* 1475 [?] Balingen/Württ.; † 1523 [?] Freiburg. Karthäuser-Prior in Freiburg und Ratgeber Kaiser Maximilians I.
Margarita philosophica. (Freiburg 1503.) 2. Aufl. Straßburg 1504.

Remus Quietanus, Johannes
* 1588 Langensalza [?]; † 1632 in der Rheinpfalz (vgl. Ch. Frisch, in: J. Kepleri Opera omnia, Bd 5. 1864, 55). Arzt; Verf. astronomischer Schriften; Briefpartner Keplers.

Report
Report of the Committee, consist. of Prof. Caley [u.a.], and J. W. L. Glaisher (reporter), on mathematical tables, in: Report of the 43. Meeting of the British Association for the Advancement of Science; held at Bradford in Sept. 1873, 1–174.

Reyher, Andreas
* 1601 Heinrichs bei Suhl; † 1673 Gotha. Rektor am Gymnasium in Schleusingen, dann Lüneburg, ab 1640 am fürstlichen Gymnasium zu Gotha.
Arithmetica oder Rechenbüchlein. 5. Aufl. Gotha 1659.

Reyher, Samuel
* 1635 Schleusingen; † 1714 Kiel. Prof. der Mathematik und der Rechte an der Universität Kiel.
s. Euklid [10].

Ṛgveda
Hauptkorpus geht auf das 2. vorchristl. Jahrtausend zurück. (Datierung nach BSS [22–23]).
The hymns of the Rig-Veda in the Saṃhitā and Pada texts. Ed. F. Max Müller. Bd 1.2. London 1877.

Rhabdas, Nikolaos
s. Nikolaos Artabasdos Rhabdas.

Rheticus, Georg Joachim
* 1514 Feldkirch/Österreich; † 1574 Kassa/Ungarn (jetzt Tschechoslowakei). Mathematiker u. Astronom; lehrte an den Univ. Wittenberg u. Leipzig; besuchte 1539 Copernicus in Frauenberg, der ihm erlaubte, die „Narratio prima" zu schreiben; später Studium der Medizin, dann Arzt in Krakau.

Ricard, Jean Pierre
Le negoce d'Amsterdam. Amsterdam 1722.

Richard Swineshead
s. Swineshead.

Richelot, Friedrich Julius
* 1808 Königsberg/Preussen; † 1875 Königsberg. Prof. der Mathematik an der Univ. Königsberg.
Nota ad theoriam eliminationes pertinens. J. reine u. angew. Math. 21 (1840) 226–234.

Richer
* zwischen 940 u. 950; † nach 997. Mönch in Reims; Schüler u. Biograph von Gerbert.
Scriptores rerum Germanicarum. Richeri Historiarum libri IV. 2. Aufl. Ed. G. Waitz. Hannover 1877.

Richeson, A. W.
The number system of the Mayas. Amer. math. mon. 40 (1933) 542–546.

Ries (irrtüml.: Riese), **Adam**
* 1492 Staffelstein/Franken; † 1559 Annaberg. Rechenmeister u. Beamter beim Münzwesen in Annaberg.

1. *Adam Riese, sein Leben, seine Rechenbücher und seine Art zu rechnen. Die Coss von Adam Riese.* Ed. B. Berlet. Leipzig, Frankfurt 1892.
2. *Rechnung auff den Linihen vnd Federn.* Erfurt 1533.
3. *Adam Risen Rechenbuch auff Linien und Ziphren in allerley Handthierung.* Frankfurt a.M. 1574. Nachdr. Darmstadt 1955.

Rigaud, P.
Correspondance of scientific men of the seventeenth century. Oxford 1841.

Rig-Veda
s. Ṛgveda.

Riyāhi, Moḥammed Amīn
s. Ṭabarī.

Robbins, F. E.
s. Nikomachos [2].

Robert von Chester (Robertus Castrensis)
Lebte um 1141–47 in Spanien, um 1147–50 in London. Englischer Mathematiker, Alchemist und Astronom; Verf. vieler Übersetzungen vom Arabischen ins Lateinische.
s. al-Ḫwārizmī [4].

Roder, Christian
Prof. der Mathematik an der Universität Erfurt; dort 1463 Dekan der Artistenfakultät. (Vgl. Regiomontanus [3; 190]).

Rohrbach, Hans
Das Axiomensystem von Erhard Schmidt für die Menge der natürlichen Zahlen. Math. Nachrichten. 4 (1950/51) 315–321.

Rolle, Michel
* 1652 Ambert/Basse-Auverge; † 1719 Paris. Ab 1685 Mitgl. der Académie Roy. des Sciences.
Traité d'algèbre. Paris 1690.

Romain, Adrien
s. Roomen.

Rome, A.
s. Theon von Alexandria.

Roomen, Adriaen van
* 1561 Leuven; † 1615 Mayence. Prof. der Medizin u. der Mathematik in Leuven, dann in Würzburg (vgl. Bibl. math. (3) 5 (1904/05) 342).
s. Bosmans.

Rootselaar, B. van
Bolzano's theory of real numbers. Arch. hist. ex. sciences. 2 (1964) 168–180.

Roover, R. de
L'évolution de la lettre de Change. 14e–18e siècles. Paris 1953.

Roscher, Johann Peter
Gemeinnütziges Rechenbuch zur Selbstübung vornehmlich zum Schulgebrauch. Bd 1.2. Lippstadt, [später] Lemgo 1788–1791.

Rosen, Frederic
s. al-Ḫwārizmī [5].

Rosenberger, Ferdinand
Geschichte der Physik. Bd 3. Braunschweig 1887–1890.

Rosenthal, Gottfried Erich
* 1745 Nordhausen; † 1814 Nordhausen. Mitgl. der Akademie der gemeinnützigen Wissenschaften zu Erfurt.
Encyklopädie der reinen Mathematik und praktischen Geometrie. Gotha 1794.

Roth, Peter
† 1617. Rechenmeister in Nürnberg.
Arithmetica philosophica. Nürnberg 1608.

Rothschild, Ludwig
Handelslehrer in Kassel.
Taschenbuch für Kaufleute. (Leipzig 1852). 57. Aufl. Ed. Christian Eckert. Leipzig 1918.

Rozenfeld', B. A.
s. al-Bīrūnī [1]; al-Ḫayyām [3]; al-Kāšī; al-Nasawī; al-Ṭūsī, Nāṣir al-Dīn [1].

Rubner, Heinrich
s. Wagner.

Rudio, Ferdinand
Archimedes, Huygens, Lambert, Legendre. Vier Abhandlungen über die Kreismessung. Leipzig 1892.
s. Archimedes [2]; Euler [1], [2], [6]; Simplikios [2].

Rudolff, Christoff
* Ende des 15. Jhs. in Jauer/Schlesien; † erste Hälfte des 16. Jhs. in Wien. Rechenmeister in Wien.
1. *Behend und Hubsch Rechnung durch die kunstreichen regeln Algebre so gemeinicklich die Coß genennt werden.* Straßburg 1525.
2. *Künstliche rechnung mit der Ziffer vnd mit den zal pfenningen sampt der Wellischen Practica.* (Wien 1526.) Nürnberg 1550.
s. Stifel [4].

Rudorff, Adolf
s. Schriften der römischen Feldmesser.

Ruffini, Paolo
* 1765 Valentano; † 1822 Modena. Arzt in Modena; Lehrer am Gymnasium und der Kriegsschule; Prof. der Medizin u. der Mathematik.
1. *Opere matematiche.* Ed. E. Bortolotti. Bd 1. 1915, 2. 3. 1953–1954.
2. *Teoria generale delle equazioni, in cui si dimostra impossibile la soluzione algebrica delle equazioni generali di grado superiore al quarto.* (Bologna 1799.) In [1; **1**, 1–324].
3. *Sopra la determinatione delle radice nelle equazioni numeriche di qualunque grado.* (Modena 1804.) In [1; **2**, 282–404].

Runtingerbuch
s. Bastian.

Ruska, Julius
1. *Zur Geschichte der Schachbrettaufgabe.* Z. math. u. nat. Unterricht. 47 (1906) 275–282.
2. *Zur ältesten arabischen Algebra und Rechenkunst.* Heidelberg 1917. (= Sitzungsber. Heidelberger Ak. Wiss. Phil-hist. Kl. Jg. 1917, Abh. 2.)
3. *Zahl und Null bei Ǧābir ibn Ḥajjān.* Arch. Gesch. Math. Naturw. Techn. 11 (N.F. 2) (1929) 256–264.

Russell, Bertrand
* 1872 Trelleck/Wales; † 1970 Penhydendreath. Engl. Mathematiker, Philosoph u. Gesellschaftskritiker.
The principles of mathematics. Bd 1. Cambridge 1903.

Ruth, R.
Das kanonische Zinsverbot, in: Arbeiten zum Handels-, Gewerbe- u. Landwirtschaftsrecht. Nr. 62. Marburg/Lahn 1931. Beiträge zum Wirtschaftsrecht, 316–348.

Rutten, Marguerite
s. Bruins/Rutten.

Rychlík, Karel
Theorie der reellen Zahlen im Bolzanos handschriftlichen Nachlasse. Prag 1962.

Sachau, Edward C.
Algebraisches über das Schach bei Bīrūnī. Z. der Dt. Morgenländischen Ges. 29 (1875) 148–156.
s. al-Bīrūnī [2], [3].

Sachs, Abraham Joseph
1. *Some metrological problems in old-Babylonian mathematical texts.* Bull. American schools of oriental research. 96 (1944) 29–39.
2. *Notes on fractional expressions in old Babylonian mathematical texts.* J. of Near Eastern studies. 5 (1946) 203–214.
s. Neugebauer/Sachs.

Sachs, Hans
* 1494 Nürnberg; † 1576 Nürnberg. Meistersinger und Dichter; Anhänger Luthers.

Sacrobosco, Johannes de
s. Johannes de Sacro Bosco.

Saidan, Aḥmad Salim
1. *The earliest extant Arabic arithmetic.* Isis. 57 (1966) 475–490.
2. *The development of Hindu-Arabic arithmetic.* Diss. Khartoum 1966. [Masch.-Schr.].
3. *Arabic arithmetic. The arithmetic of Abū al-Wafā' al-Būzajānī (10. Jh.) Mss. Or 103 Leiden u. 42 M Cairo. The arithmetic of al-Karaǧī (11. Jh.) Ms. 855 Istanbul.* [Arab.] Amman [1971].
s. al-Ṭūsī, Naṣir al-Dīn [2]; al-Uqlīdisī [1], [2].

Salah Aḥmad
s. al-Samaw'al.

Salomon, Johann Michael Joseph
* 1793 Oberdürrbach b. Würzburg; † 1856 Wien. Prof. der Mathematik am Polytechn. Inst. in Wien; später auch Prof. an der Universität.
Lehrbuch der Arithmetik und Algebra. Wien (1821), 5. Aufl. 1852.
s. Euler [11].

Salvius Iulianus (Lucius Octavius Cornelius Salvius Iulianus Aemilianus)
Aus Nordafrika; wirkte im 2. Jh. n. Chr. als einer der einflußreichsten römischen Juristen der hadrianischen Zeit.

al-Samaw'al (Al-Samaw'al ben Yaḥyā ben ᶜAbbās al-Maġribī)
† 1174/75 Maragha. Zum Islam übergetretener Jude. Mathematiker und Mediziner.
Al-Bahir en algèbre d'As-Samaw'al. Ed. Salah Ahmad, Roshdi Rashed. Damaskus 1972.
s. Rashed [1].

al-Samḥ
s. Ibn al-Samḥ.

Samplonius, Yvonne
s. Waiǧan ibn Rustam al-Kūhī.

Sánchez Pérez, José A.
s. Ibn Badr.

Sanford, Vera
The history and significance of certain standard problems in algebra. New York 1927.

Sarasa, Alfons Anton de
* 1618 Nieuport/Flandern; † 1667 Antwerpen. Jesuit; lehrte in Gent, Brüssel und Antwerpen; gehörte zu den Korrespondenten Mersennes.

Sarkar, Akshya Kumar
The coins and weights in ancient India. The Indian hist. quarterly. 7 (1931) 689–702).

Sarma, K. V.
s. Āryabhaṭa I [4; **1.3**].

Sarma, Sreeramula Rajeswara
s. Aryabhaṭa II [2].

Sarton, George
1. *The first explanation of decimal fractions and measures (1585). Together with a history of the decimal idea and a facsimile (no. XVII) of Stevin's Disme.* Isis. 23 (1935) 153–244.
2. *Introduction to the history of science.* Washington. Bd 1. 1927; Bd 2, Tl 1.2. 1931; Bd 3, Tl 1. 1947, Tl 2. 1948.
3. *Minoan mathematics.* Isis. 24 (1935) 375–381.

Śāstrī, Sāmbaśiva
s. ĀryabhaṭaI [2].

Śāstrī, T. S. Kuppanna
s. Bhāskara I.
Satterthwaite, Linton (jr.)
Concepts and structures of Maya calendrical arithmetics. Philadelphia/Penns. 1947.
Savasorda
s. Abraham bar Ḫijja.
Schepp, A.
s. Genocchi.
Scheybl (Scheubel), Johann
* 1494 Kirchheim/Württ.; † 1570 Kirchheim. Prof. der Mathematik an der Univ. Würzburg.
1. *De numeris et diversis rationibus.* Leipzig 1545.
2. *Scheubel as an algebraist. Being a study of algebra in the middle of the 16th century.* Faks., engl. Übers. u. Komm., ed. M.S. Day. New York 1926.
s. Euklid [5].
Schickard, Wilhelm
* 1592 Herrenberg/Württ.; † 1635 Tübingen. Mathematiker, Astronom und Orientalist; Prof. der biblischen Grundsprache in Tübingen; Schüler und Nachfolger von Mästlin; Erfinder einer Rechenmaschine.
Schilbach, Erich
1. *Byzantinische Metrologie.* München 1970. = Handb. d. Altertumswiss. Abt. 12, T. 4.
2. *Byzantinische metrologische Quellen.* Düsseldorf 1970.
Schillmann, F.
Eine Kellereirechnung des Deutschordenshauses in Marburg aus dem 14. Jahrhundert. Arch. f. Kulturgesch. 8 (1910) 146–160.
Schirmer, Alfred
1. *Wörterbuch der deutschen Kaufmannssprache auf geschichtlichen Grundlagen.* Straßburg 1911.
2. *Der Wortschatz der Mathematik.* Straßburg 1912. (= Z. f. dt. Wortforschung. 14, Beih.)
Schlesinger, Ludwig
s. Descartes [3]; Euler [4].
Schmeller, Andreas J.
Bayerisches Wörterbuch. 2. Aufl. Bd. 1.2. München 1877.
Schmid, Wolffgang
Das erst buch der Geometria. Nürnberg 1539.
Schmidt, Erhard
* 1876 Dorpat; † 1959 Berlin. Prof. der Mathematik in Zürich, Breslau und Berlin.
s. Rohrbach.
Schmidt, Fritz
Geschichte der geodätischen Instrumente und Verfahren im Altertum und Mittelalter. Neustadt an der Haardt 1935. (= Veröffentlichungen der Pfälz. Ges. z. Förderung d. Wissenschaften. 24.)
Schmidt, Max
Zur Entstehung und Terminologie der elementaren Mathematik. 2. Aufl. Leipzig 1914. (= Kulturhistorische Beiträge zur Kenntnis des griechischen und römischen Altertums. 1.)
Schmidt, Wilhelm
s. Heron von Alexandria.
Schneider, Ivo
1. *Der Mathematiker Abraham de Moivre (1667–1754).* Arch. hist. ex. sciences. 5 (1968/69) 177–317.
2. *Der Einfluß der Praxis auf die Entwicklung der Mathematik vom 17. bis zum 19. Jahrhundert.* Zentralblatt f. Didaktik d. Math. 9 (1977) 195–205.
Schönberger, Leander
s. Proklos [2].
Schöne, Hermann
s. Heron von Alexandria.
Schöner, Johann
s. Peurbach [2]; Regiomontanus [1].
Scholz, Heinrich
Der klassische und der moderne Begriff einer mathematischen Theorie. Math.-phys. Semesterberichte 3 (1953) 30–47.
s. Hasse/Scholz.
Schoner, Lazarus
s. Ramus [5].
Schooten, Frans van (Franciscus à)
* Leiden um 1615; † 1660 Leiden. Niederländischer Mathematiker; Herausgeber bedeutender mathematischer Werke.
s. Descartes [4a]; Viète [1].
Schott, Kaspar
* 1608 Königshofen; † 1666 Würzburg. Prof. der Mathematik am Gymnasium zu Würzburg.
Cursus mathematicus, Sive absoluta omnium mathematicarum disciplinarum encyclopaedia. (Würzburg 1661.) Bamberg 1677.
Schoy, Karl
Gnomonik der Araber. Berlin u. Leipzig 1923. = Die Geschichte der Zeitmessung und der Uhren. Ed. E. von Bassermann-Jordan. Bd 1. Lfg. F.
s. al-Bīrūnī [4].
Schrader, M. (Sister M. Walter Reginald Schrader O. P.)
The "Epistola de proportione et proportionalitate" of Ametus Filius Iosephi. Diss. Univ. of Wisconsin 1961.
Schreyber, Heinrich
s. Grammateus.
Schriften der römischen Feldmesser
Die Schriften der römischen Feldmesser. Ed. F. Blume, K. Lachmann ([Bd 2:] Th. Mommsen) u. A. Rudorff. Bd 1.2. Berlin 1848–1852.

Schröbler, Ingeborg
Die St. Galler Wissenschaft um die Jahrtausendwende und Gerbert von Reims. Z. f. dt. Altertum u. dt. Literatur. 81 (1944) 32–43.

Schröter, Friedrich August
Versuch einer Anleitung zur praktischen Rechenkunst. Halle 1795.

Schröter, Heinrich
s. Steiner.

Schülke, Albert Martin Wilhelm
* 1856 Marienwerder; † 1943 Berlin. Studienrat in Königsberg; später Oberstudiendirektor des Realgymnasiums Tilsit.
Neuere Bewegungen in der Logarithmenrechnung. Z. math. u. nat. Unterricht. 60 (1929) 289–296.

Schulte, Mary Leontius
Additions in arithmetic, 1483–1700, to the sources of Cajori's „History of mathematical notations" and Tropfke's „Geschichte der Elementarmathematik". Diss. Ann Arbor/Michigan 1935.

Schulz, Friedrich
Handlungs-Akademist. Bd 1. Berlin 1803.

Schweicker, Wolfgang
Wohnte 1549 in Venedig; aus Nürnberg. (Vgl. Kheil [76].)
Zwifach Buchhalten. Nürnberg 1549.

Schwenter, Daniel
* 1585 Nürnberg; † 1636 Altdorf. Prof. der orientalischen Sprachen und der Mathematik an der Universität Altdorf.
1. *Geometriae practicae novae et auctae tractatus I.* Nürnberg 1622.
2. *Deliciae physico-mathematicae. Oder mathematische u. philosophische Erquickstunden.* Nürnberg 1636. Forts. s. Harsdörffer.

Scott, Robert
s. Liddell/Scott.

Scriba, Christoph J.
1. *Wallis und Harriot.* Centaurus. 10 (1964/65) 248–257.
2. *Zur Entwicklung und Verbreitung der Algebra im 17. Jahrhundert.* Mededelingen uit het Seminarie voor Geschiedenis van de Wiskunde en de Natuurw. aan de Katholieke Universiteit te Leuven. 4 (1971) 13–22.

Sēḇōḵt
s. Severus Sēḇōḵt.

Segal', V. S.
s. al-Kāšī.

Segner, Johann Andreas von
* 1704 Preßburg; † 1777 Halle. Praktischer Arzt; später Prof. der Physik u. Mathematik in Göttingen, dann in Halle.
1. *Deutliche und vollständige Vorlesungen über Rechenkunst und Geometrie.* Lemgo (1747), 2. Aufl. 1767.
2. *Methodus simplex et universalis omnium aequationum radices detegendi.* Novi Comm. Acad. Sc. Petrop. 7 (1758/59) 211–226.

Seki, Takakazu
* 1642 [?] Huziokal [?]/Japan; † 1708 Edo [Tokyo]. Japanischer Mathematiker; arbeitete als Leiter eines Beschaffungsbüros.
Collected works. Ed. Akira Hirayama, Kazuo Shimodaira, Hideo Hirose. Übers. ins Engl. von Jun Sudo. Osaka 1974.

Sems, Johann
Geodät im 16./17. [?] Jh., wird von J. H. Beyer [1; 19] und Kepler [1; **17**, 277, 486] erwähnt.

Sen, S. N.
The mathematics of Āryabhaṭa. Bulletin of the National Institute of Sciences in India 21 (1963) 297–319.
s. Bose/Sen/Subbarayappa.

Serre, Jean Pierre
s. Frobenius [1].

Serret, Joseph Alfred
* 1819 Paris; † 1885 Paris. Franz. Mathematiker; Prof. am Collège de France und der Faculté des Sciences in Paris.
Cours d'algèbre supérieure. Paris 1849.
s. Lagrange [1].

Servois, François Joseph
* 1767 Mont-de-Laval/Doubs; † 1847 Mont-de-Laval. Prof. der Mathematik an den Artillerieschulen von Besançon, Châlon sur Marne, Metz und la Fère; nach 1816 Kurator des Artilleriemuseums in Paris.
Essai sur un nouveau mode d'exposition du calcul différentiel. Annales de math. pures et appliqués. 5 (1814) 93–140.

Sesiano, Jacques
s. Diophant [5].

Sethe, Kurt
1. *Von Zahlen und Zahlworten bei den alten Ägyptern.* Straßburg 1916. (= Schriften Wiss. Ges. Straßburg. 25.)
2. *Die Zeitrechnung der alten Ägypter im Verhältnis zu der der anderen Völker.* Göttingen. 1. Das Jahr. 1919. 3. Einteilung des Tages und des Himmelskreises. 1920. (= Nachrichten Ges. Wiss. Göttingen, phil.-hist. Kl.)

Severus Sēḇōḵt
† 666/667 n. Chr. Syrischer Gelehrter, bes. Astronom u. Mathematiker. Bischof von Qinnasrīn (am Oberlauf des Euphrat).

Seyffert, Rudolf
s. Ludovici.

Sezgin, Fuat
Geschichte des arabischen Schrifttums. Bd 5: Mathematik bis ca. 430 H. Leiden 1974.

Sfortunati, Giovanni
* um 1500; aus Siena.

Shên Kua
* 1030 Chekiang; † 1093 Shensi. Chinesischer Mathematiker u. Astronom; Hersteller von Instrumenten. In seinem Hauptwerk „Mêng-ch'i pi-t'an" (Aufsätze vom Strom der Träume) geht es vor allem um Mathematik und Musiktheorie; es enthält erstmals in der Literatur einen Hinweis auf eine Magnetnadel.

Shimodaira, Kazuo
s. Takakazu.

Shirley, John W.
Binary numeration before Leibniz. American j. physics. 19 (1951) 452–454.

Shukla, Kripa Shankar
s. Āryabhaṭa I [4; 1. 2]; Śrīdhara [4]; Sūrya-Siddhānta.

Sibṭ al-Māridīnī
* 1423; † 1506. (Vgl. Luckey [2; 65]). Wirkte in Damaskus und Kairo; Schüler von Šihābaddīn in Kairo.
Raqā'iq al-ḥaqā'iq fī ḥisāb al-daraǧ wad-daqā'iq. [Feinheiten der Wahrheiten über die Rechnung der Grade und Minuten. Arab.]

Siddhānta (= klassisches Werk)
s. Brahmagupta [3] (Brāhmasphuṭasiddhānta); Puliśa-Siddhānta; Sūrya-Siddhānta; Varāhamihira (Pañca-Siddhāntikā).

Silberberg, Moritz
s. Abraham ben Ezra.

Simon, M.
Geschichte der Mathematik im Altertum. Berlin 1909.

Simonov, R. A.
O formirovanii drevnerusskoj numeracii. [Über die Bildung der altrussischen Numerierung. Russ.] Istoriko-matematičeskie issledovanija. 22 (1977) 237–241.

Simplikios
* Cilicia. Wirkte in Athen bis 529; dann bis 533 in Persien; einer der letzten griechischen Neuplatoniker.
1. *In Aristotelis physicorum libros quattuor commentaria.* Bd 1.2. Ed. H. Diels. Berlin 1882–1885. (= Commentaria in Aristotelem Graeca. 9.10.)
2. *Der Bericht des Simplicius über die Quadraturen des Antiphon und des Hippokrates.* Griech. u. dt. von F. Rudio Leipzig 1907.

Singh, Avadhesh Narayan
On the use of series in Hindu mathematics. Osiris. 1 (1936) 606–628.
s. Datta/Singh.

Sluse, René François de
* 1622 Visé b. Lüttich; † 1685 Lüttich. Abt von Amas; Kanonikus und Kanzler von Lüttich; Mitgl. d. Royal Society.
Mesolabum. Lüttich (1659), 2. Aufl. 1668.

Smeur, A. J. E. M.
1. *De zestiende-eeuwse Nederlandse rekenboeken.* Den Haag 1960.
2. *The rule of false applied to the quadratic equation, in three sixteenth century arithmetics.* Archives int. d'histoire des sciences. 28, No 102 (1978) 66–101.
s. Georg von Ungarn.

Smith, David Eugene
1. *Rara arithmetica.* Boston u. London 1908. Nachdr. New York 1970.
2. *A Greek multiplication table.* Bibl. math. (3) 9 (1908/09) 193–195.
3. *The law of exponents in the work of the sixteenth century.* Napier tercentenary memorial volume, ed. C. G. Knott. Edinburgh 1915, 81–91.
4. *On the origin of certain typical problems.* Amer. math. mon. 24 (1917) 64–71.
5. *The first printed arithmetic (Treviso, 1478).* Isis. 6 (1924) 311–331.
6. *History of mathematics.* Boston. Bd 1: General survey of the history of elementary mathematics. 1923. Bd 2: Special topics of elementary mathematics. 1925.
s. Descartes [2].

Smith, D. E./Karpinski, Louis C.
The Hindu-Arabic numerals. Boston u. London 1911.

Smith, D. E./Mikami, Yoshio
A history of Japanese mathematics. Chicago 1914.

Smith, Sidney
A pre-Greek coinage in the Near East. The numismatic chronicle and J. of the R. Numismatic Soc. (5) 2 (1922) 176–185.

Solon
* um 640 v. Chr.; † nach 561 v. Chr. Athenischer Gesetzgeber.

Someśvara
s. Āryabhata I [4; 2].

Souissi, Mohammed
s. al-Bannā' [2].

Spasskij, I. G.
Proischoždenie i istorija russkich sčetov. [Herkunft und Geschichte der russ. Rechenmaschinen. Russ.] Istoriko-matematičeskie issledovanija. 5 (1952) 269–420.

Speier, Jacob von
s. Jacob von Speier.

Speiser, Andreas
s. Euler [2]; Lambert [1].

Spon, Charles
s. Cardano [1].

Śrīdhara
Indischer Mathematiker zwischen 850 und 950.

1. *Triśatikā*. Ed. S. Dvivedī, Benares 1899.
2. *The Triśatikā of Śrīdharācarya*. Ed. N. Ramanujacharia und G. R. Kaye. Bibl. math. (3) 13 (1912/13) 203–217.
3. *O matematičeskom traktate Žridchary „Patiganita"*. [Über die mathematische Abhandlung „Pāṭīgaṇita" des Śrīdhara. Russ.] Ed. A. J. Volodarskij. Fiziko-mat. nauki v stranach vostoka. Sbornik statej i publikacij. 1 (4) (1966) 141–246.
4. *The Patiganita of Sridharacarya with an ancient Sanskrit commentary*. Ed. K. Sh. Shukla. Lucknow 1959. (= Hindu astron. and math, text series. 2.)

Srinivasiengar, C. N.
The history of ancient Indian mathematics. Kalkutta 1967.

Śrīpati
Wirkte um 1039 (vgl. Datta/Singh [137]). Indischer Mathematiker u. Astronom.
Ganitalika. Sanskrit-Text mit Komm. von Siṁhatilaka Sūri. Ed. H. R. Kāpadiā. Baroda 1937.

ST
Susa – Texte
s. Bruins/Rutten.

Stäckel, Paul
s. Euler [13]; Jacobi [3] u. [6].

Stampioen, Jan Jansse [d.J.]
† 1610 Rotterdam. Holländischer Mathematiker.
Algebra ofte Nieuwe Stel-Regel. Den Haag 1639.

Steck, Max
s. Proklos [2].

Steele, Robert
The earliest arithmetics in English. London 1922.

Stegmann, Joachim
* Mark Brandenburg; † 1632 Clausenburg/Siebenbürgen. Rektor am Gymnasium zu Rakow; zuletzt Pastor bei den Gocinianern in Clausenburg.
Institutionum mathematicarum libri II. Rakow 1630.

Steiner, Jacob
* 1796 Utzendorf; † 1863 Bern. Oberlehrer der Mathematik an der Gewerbeschule in Berlin, dann Prof. an der dortigen Universität.
Die Theorie der Kegelschnitte. Bearb. v. H. Schröter. 2. Aufl. Leipzig 1876. = Vorlesungen über synthetische Geometrie. Bd 2.

Steinitz, Ernst
* 1871 Laurahütte/Oberschlesien; † 1928 Kiel. Prof. der Mathematik an der Techn. Hochschule Berlin-Charlottenburg u. Breslau, dann an der Univ. Kiel.
Algebraische Theorie der Körper. J. reine angew. Math. 137 (1910) 167–309. Neu hrsg. von R. Baer u. H. Hasse. Berlin 1930. Nachdr. New York 1950.

Steinschneider, Moritz
1. *Abraham ibn Esra. Zur Geschichte der mathematischen Wissenschaften im 12. Jh.* Abh. Gesch. Math. 3 (1880) 57–128.
2. *Die arabischen Übersetzungen aus dem Griechischen*. Neudr. v. Abhandlgn. in versch. Zeitschriften, ersch. 1889–1896. Graz 1960.

Stéphanou, E.
s. Pachymeres.

Sternberg, Shlomo
s. Gandz [6].

Sterner, Matthäus
Geschichte der Rechenkunst. München, Leipzig 1891.

Stevin, Simon
* 1548 Brügge; † 1620 Den Haag. Finanzverwalter in Brügge; Ingenieur, später im Dienst des Prinzen von Oranien.
1. *The principal works of Simon Stevin*. Bd 2: Mathematics, ed. D. J. Struik. Amsterdam 1958.
2a. *L'arithmetique*. Leiden 1585. 2b. *La pratique d'arithmetique*. Leiden 1585. [2a u. b in einem Bd mit getrennter Paginierung.]
3. *De Thiende*. (Leiden 1585.) Faks.-Nachdr. mit Einl. von H. Bosmans. Antwerpen, Den Haag 1925. Faks-Nachdr. mit engl. Übers. nach R. Norton, in: [1; 371–454].
4. *De Thiende*. Ins Dt. übers. u. erl. von H. Gericke u. K. Vogel. Frankfurt a.M. 1965. (= Ostwalds Klassiker. N.F. 1.)

Stifel, Michael
* 1487 [?] Eßlingen; † 1567 Jena. Studierte in Wittenberg; Augustinermönch, dann lutherischer Pfarrer u.a. in Holzdorf; hielt mathematische u. theologische Vorlesungen an den Univ. Königsberg u. Jena.
1. *Arithmetica integra*. Nürnberg 1544.
2. *Deutsche Arithmetica*. Nürnberg 1545.
3. *Rechenbuch von der Welschen und Deutschen Practick*. Nürnberg 1546.
4. *Die Coß Christoffs Rudolffs. Durch Michael Stifel gebessert und sehr gemehrt*. Königsberg 1553 (1554).
5. *Michael Stifels handschriftlicher Nachlaß*. Ed. E. Hoppe. Mitt. d. Math. Ges. in Hamburg. 3 (1900) 411–423.

Straßburger Keilschrifttexte
s. Frank.

Stromer, Wolfgang von
Das Schriftwesen der Nürnberger Wirtschaft vom 14. bis zum 16. Jahrhundert. Zur Geschichte Oberdeutscher Handelsbücher, in: Beiträge zur Wirtschaftsgeschichte Nürnbergs. Bd 2. Nürnberg 1967, 751–799.

Struik, Dirk J.
Sull'opera matematica di Paolo di Middelburg. Nota del D. J. Struik. Atti della Reale Accademia Naz. dei Lincei. A. 322 (1925) Ser. 6. Rendiconti. Cl. di scienze fis., mat. e nat., 305–308.
s. Stevin [1].

Struve, W. W.
s. Papyrus Moskau.

Sturm, Johann Christoph
* 1635 Hippoltstein; † 1703 Altdorf. Pfarrer in Deiningen; dann Prof. der Mathematik und Physik an d. Univ. Altdorf.
1. *Des unvergleichlichen Archimedis Kunst-Bücher.* Nürnberg 1670.
2. *Mathesis enucleata.* Nürnberg 1689.
3. *Mathesis juvenilis.* Nürnberg 1699.

Sturm, Leonhard Christoph
* 1669 Altdorf; † 1719 Blankenburg. Prof. der Mathematik an der Univ. Frankfurt; später Oberbaudirektor in Schwerin u. Braunschweig.
Kurtzer Begriff der gesamten Mathesis. (Nürnberg 1707.) Frankfurt a.d.O. 1710.

Su^caydan, A. S.
s. Saidan.

Subbarayappa, B. V.
s. Bose / Sen / Subbarayappa.

Suda (Suidas)
Byzantinisches Lexikon aus dem 10. Jh. Suda ist der Name des Werkes; früher glaubte man, daß Suidas der Name des Autors sei (vgl. Cambridge medieval history 4, 2. 1967, 248).
Suidae lexicon. Ed. Imm. Bekker. Berlin 1854.

Sudo, Jun
s. Takakazu.

Suevus, Sigismund
* 1526 Freystadt/Schlesien; † 1596. Privatlehrer in Reval; evangelischer Theologe u. Prediger in Breslau u. Thorn.
Arithmetica Historica. Die Löbliche Rechenkunst. Breslau 1593. [Zit. nach Jackson [14].]

al-Ṣūfī (Abū al-Ḥusain ᶜAbd al-Raḥmān ibn ᶜUmar al-Ṣūfī al-Rāzī)
* 903 Ray; † 986. Einer der bedeutendsten arabischen Astronomen.

Suidas
s. Suda.

Suiset
s. Swineshead.

Sundwall, Joh.
Minoische Rechnungsurkunden. Helsingfors 1932. (= Societas Scientiarum Fennicae.- Commentationes humanarum litterarum. 4.4.)

Sun Tzu
Chinesischer Mathematiker des 3. Jhs. n. Chr.
O matematičeskom trude Sun Czy. Ed. E. I. Berezkina. [Über die mathematische Arbeit von Sun-Tsu. Russ.] Iz istorii nauki i techn. v stranach vostoka. 3 (1963) 5–70.

Sūri, Śiṁhatilaka
s. Śripati.

Sūryadāsa
Schrieb um 1541 einen Kommentar zu Bhaskara II.

Sūrya-Siddhānta
(Siddhānta = klassisches Werk); ist einer der fünf astronomischen Siddhāntas (Pañca-Siddhāntikā, s. Varāhamihira); der einzige Siddhānta, dessen Originaltext vollständig erhalten ist. Sarton [2; 1. 386 f.] nimmt an, daß er in der ersten Hälfte des 5. Jhs. n. Chr. entstanden ist.

Suter, Heinrich
1. *Das Mathematiker-Verzeichnis im Fihrist des ibn Abī Jaᶜḳūb an-Nadīm.* Leipzig 1892. (= Abh. Gesch. Math. 6,1.)
2. *Die Mathematiker und Astronomen der Araber und ihre Werke.* Leipzig 1900. (= Abh. Gesch. math. Wiss. 10.) Nachtr. u. Berichtgn in: 14 (1902) 155–185.
3. *Das Rechenbuch des Abū Zakarījā el-Ḥaṣṣar.* Bibl. math. (3) 2 (1901) 12–40.
4. *Über die Geometrie der Söhne des Mūsā ben Schākir.* Bibl. math. (3) 3 (1902) 259–272.
5. *Über das Rechenbuch des Alī ben Aḥmed el-Nasawī.* Bibl. math. (3) 7 (1906/07) 113–119.
6. *Die Abhandlung Qosṭā ben Lūqās und zwei andere anonyme über die Rechnung mit zwei Fehlern und mit der angenommenen Zahl.* Bibl. math. (3) 9 (1908/09) 111–122.
7. *Das Buch der geometrischen Konstruktionen des Abu'l Wefâ',* in: Beiträge zur Geschichte der Mathematik bei d. Griechen u. Arabern. Erlangen 1922 (= Abhandlungen z. Gesch. d. Naturwiss. u.d. Medizin. 4.), 94–109.
s. Abū Kāmil [3]; Björnbo; al-Hwārizmī [6].

Swineshead, Richard (Suiset, Suisseth, Suinset, Calculator; Vorname auch: **Roger)**
Wirkte um 1350. * Glastonbury [?] Fellow des Merton College, Oxford; Zisterzienser in Swineshead/Lincolnshire.
Subtilissimi Doctoris Anglici Suiset Calculationum liber. Padua 1485 [?]. [Auch u.d. T.:] Calculationes Astronomicae [mehrere Ausg.].

Sylow, Ludvig
s. Abel [1].

Sylvester II. Papa
s. Gerbert von Aurillac.

Sylvester, James Joseph
* 1814 London; † 1897 London. Rechts-

anwalt; Prof. der Mathematik in Woolwich, Baltimore, Oxford.
1. *A method of determining by mere inspection the derivatives from two equations of any degree.* (Philos. magazine 16 (1840) 132–135). In: The collective mathematical papers. Ed. H. F. Baker. Bd 1. Cambridge 1904, 54–57.
2. *Examples of the dialytic method of elimination as applied to ternary systems of equations.* (Cambridge math. j. 2 (1841) 232–236). In: The coll. math. papers. Bd 1. 1904, 61–65.

Szabó, Árpád
Anfänge der griechischen Mathematik. Budapest 1969.

Ṭabarī, Moḥammed ibn Ayyūb
Lebte in der 2. Hälfte des 11. Jhs. in Āmul südöstl. des Kaspi-Sees.
1. *Šumār-nāmeh.* [Rechenbuch. Persisch.] Ed. Taqī Bīneš. Teheran 1966.
2. *Miftāḥ al-mu^{c}āmalāt.* [Schlüssel der Transaktionen Persisch.] Ed. Moḥammed Amīn Riyāḥī. Teheran 1970.

Ṯābit ibn Qurra (Abū al-Ḥasan Ṯābit ibn Qurra ibn Marwān al-Ḥarrānī)
* 836; † 901. Aus Ḥarrān/Mesopotamien; wirkte in Bagdad. Mathematiker, Astronom, Übers. aus dem Griechischen und Syrischen ins Arabische; Gründer einer Übersetzerschule.
s. Björnbo; Moody/Clagett.

Tacquet, Andreas
* 1612 Antwerpen; † 1660 Antwerpen. Lehrer der Mathematik in den jesuitischen Ordenskollegien zu Löwen und Antwerpen.
Arithmeticae theoria et praxis. (Löwen u. Antwerpen 1656.) Brüssel 1683.

Takakazu
s. Seki

Tanner, Rosalind C.H.
Thomas Harriot (1560–1621). Actes du Symposium International „La géométrie et l'algèbre au début du XVIIe siècle". Dubrovnik, 29.IX.–3.X.1968. Zagreb 1969, 161–174.

Tannery, Paul
1. *Mémoires scientifiques,* Ed. J.-L. Heiberg, H.-G. Zeuthen. Bd 1–17. Toulouse u. Paris 1912–1950.
2. *Sur l'invention de la preuve par neuf.* Bull. sciences mathém. (2) 9 (1882) 142–144. In [1; 1, 185–188].
3. *Le scholie du moine Néophytos.* Revue archéologique (3) série, 5 (1885) 99–102. In [1; 4, 20–26].
4. *Les chiffres arabes dans les manuscrits grecs.* Revue archéologique (3) 7 (1886) 355–360. In [1; 4, 199–205].
5. *Sur le „Liber augmenti et diminutionis" compilé par Abraham.* Bibl. math. (3) 2 (1901) 45–47.
s. Descartes [1]; Diophant [1]; s. Fermat [1]; Nikolaos Artabasdos Rhabdas; Pachymeres.

Tartaglia, Niccolò
* 1499 Brescia; † 1557 Venedig. Italienischer Mathematiker; Privatlehrer, später Prof. der Mathematik in Venedig.
1. *General trattato di numeri et misure.* Bd 1–3. Venedig 1556–1560.
2. *Qvesiti et inventioni diverse.* Venedig 1554. Nachdr., ed. A. Masotti, Brescia 1959.
s. Bortolotti [2].

Taub, A.H.
s. Neumann, Johan v.

Taylor, Brook
* 1685 Edmonton; † 1731 London. Jesuit u. Mathematiker; Mitgl. der Royal Soc., von 1714–1748 deren Sekretär.
An attempt towards the improvement of the method of approximating in the extraction of the roots of equations in number. Philos. trans. 30 (1717) 610–622.

Tellkampf, Johann Dietrich Adolf
* 1798 Hannover; † 1869 Hannover. Oberlehrer am Gymnasium in Hamm; dann Prof. u. Direktor der höheren Bürgerschule in Hannover.
Vorschule der Mathematik. Berlin (1829), 4. Aufl. 1847.

Tempelhoff, Georg Heinrich
s. Clairaut [2].

Thaer, Clemens
s. Euklid [11].

Thales
* 625 [?] v.Chr. Milet; † 547 [?] v.Chr. Galt im Altertum als der erste jonische Naturphilosoph; wurde zu den Sieben Weisen gezählt; war als Mathematiker und Staatsmann tätig.

Theaetet (Theaitetos)
* zwischen 415 u. 413 v. Chr.; † 369 v. Chr. Mathematiker; aus Athen; Freund u. Schüler Platons; beschäftigte sich u.a. mit Zahlentheorie u. der Lehre von Irrationalitäten.

Theon von Alexandria
Wirkte um 370 n. Chr. Neuplatonischer Mathematiker u. Astronom; Vater der Hypatia.
Commentaires de Pappus et de Théon d'Alexandrie sur l'Almageste. Ed. A. Rome. Bd 2: Théon d'Alexandrie. Commentaire sur les livres 1 et 2 de l'Almageste. Rom 1936. (= Studi e testi. 72.)

Theon von Smyrna
Wirkte Mitte des 2. Jh. n. Chr. Griechischer Philosoph u. Mathematiker; Platoniker.
Expositio rerum mathematicarum ad legendum Platonem utilium. Ed. E. Hiller. Leipzig 1878.

Thibaut, Bernhard Friedrich
* 1775 Harburg; † 1832 Göttingen. Prof. der Mathematik an der Univ. Göttingen.
Grundriss der reinen Mathematik zum Gebrauch bey academischen Vorlesungen. Göttingen (1801), 4. Aufl. 1822.

Thibaut, Georg Friedrich Wilhelm
Astronomie, Astrologie und Mathematik = Grundriß der indo-arischen Philologie und Altertumskunde. Bd 3, H. 9. Straßburg 1899.
s. Varāhamira.

Thiele, Thorvald-Nicolai
s. Wessel [2].

Thomas, Cyrus
Numeral systems of Mexico and Central America. Bureau of Am. Ethn., Smithonian Inst. Washington. – Annual report 19 (1901) 853–955.

Thomasin von Zercläre
s. Oechelhäuser.

Thompson, J. Eric S.
Maya arithmetic. Washington 1941. (= Contributions to American anthropology and history. 36.)

Thorndike, Lynn
Science and thought in the fifteenth century. New York 1929. Nachdr. New York u. London 1963.

Thureau-Dangin, François
1. *Les chiffres fractionnaires dans l'écriture babylonienne archaique.* Beiträge z. Assyriologie. 3 (1898) 588–589.
2. *Les mesures angulaires „ammatū" et „ubânu".* Revue d'assyriologie, 28 (1931) 23–25.
3. *Esquisse d'une histoire du systéme sexagesimal.* Paris 1932.
4. *La mesure du „Qa".* Revue d'assyriologie et d'archéologie orientale. 34 (1937) 80–86.
5. *Textes mathématiques babyloniens* [*TMB*]. Leiden 1938.

Thymaridas von Paros
Mathematiker in der ersten Hälfte des 4. Jhs. v. Chr.
s. Iamblichos [1; 62–63].

TMB
Textes mathématiques babyloniens.
s. Thureau-Dangin [5].

Tonstall
s. Tunstall.

Totok, Wilhelm
s. Hofmann, J. E. [3].

Travaux
Travaux de la 2ᵉ Conférence Internationale sur la Métrologie Historique, Rijeka, 19.–21.9.1973. Zagreb 1973.

Trenchant, Jean
* um 1525. Französischer Mathematiker in Lyon.
1. *L'arithmétique.* Lyon 1558.
2. *L'arithmétique.* 4. Aufl. Lyon 1578.

Treue, Wilhelm
Achse, Rad und Wagen. 5000 Jahre Kultur- und Technikgeschichte. München 1965.

Treutlein, Josef Peter
1. *Geschichte unserer Zahlzeichen.* Programm Gymnasium Karlsruhe 1875.
2. *Das Rechnen im 16. Jahrhundert.* Abh. Gesch. Math. 1 (1877) 1–100.
3. *Die Deutsche Coss.* Abh. Gesch. Math. 2 (1879) 1–124.
s. Jordanus Nemorarius [1].

Treviso-Arithmetik
[Treviso-Arithmetik.] Treviso 1478. [hs. Paginierg von 1572, Ex. New York.]

Trienter Algorismus
Ältestes gedrucktes Rechenbuch in deutscher Sprache. Gedr. bei Alfred Kumme, Trient 1475.
s. Vogel [15].

Tropfke, Johannes
Zur Geschichte der quadratischen Gleichungen über dreieinhalb Jahrtausend. Jahresbericht DMV 43 (1933) 98–107; 44 (1934) 26–47, 95–119.

Tschirnhaus, Ehrenfried Walter von
* 1651 Kieslingswalde b. Görlitz; † 1708 Dresden. Privatgelehrter; arbeitete in Paris mit Leibniz zusammen.
Methodus auferendi omnes terminos intermedios ex data aequatione. Acta Eruditorum. 1683, 204–207.

Tunstall (Tonstall), Cuthbert
* 1474 Hackforth/Yorkshire; † 1559 London. Englischer Bischof und Diplomat.
De arte svpputandi libri quatuor. Paris 1538.

al-**Ṭūsī, Nāṣir al-Dīn (Abū Ǧaᶜfar Muḥammad ibn al Ḥasan, Nāṣir al-Dīn al-Ṭūsī, al-Muḥaqqiq)**
* 1201 Sāvah oder Tūs/H̱urāsān; † 1274 Bagdad. Persischer Philosoph, Mathematiker, Astronom und Physiker; einer der bedeutendsten islamischen Wissenschaftler; bis 1256 (Einfall der Mongolen) Gefangener des Herrschers Quhistān in Alamūt; dann im Dienst des mongolischen Khāns Hūlāgū. Ab 1259 Leiter der neuen Sternwarte Marāgu.
1. *Sbornik po arifmetike s pomoščʼju doski i pyli.* Abschn. 11: Ob opredelenii drugich osnovanij stepenej (134^v–137^r).

[Sammlung zur Arithmetik mit Hilfe von Brett und Staub. Abschn. 11: Über die Bestimmung anderer Basen von Potenzen. Russ.] Übers. von S. A. Achmedov und B. A. Rozenfeld: Istoriko-matematičeskie issledovanija. 15 (1963) 431–444.
2. *Ǧawāmi^c al-Ḥisāb bi al-taḫt wa al-turāb. The comprehensive work on computation with board and earth of Nasir al-Din al-Tusi.* [Arab. u. engl.] Ed. A. S. Saidan. Al-Abḥāṯ. Quarterly J. of the Amer. Univ. of Beirut. 20 (1967) 91–163, 213–292.

al-Ṭūsī, Šaraf-al-Dīn (al-Muẓaffar ibn Muḥammad ibn al-Muẓaffar Šaraf al-Dīn al Ṭūsī)
† wahrsch. 1213 in Ṭūs/Ḫurāsān. Persischer Mathematiker u. Astronom; unterrichtete in Damaskus und Mossul.
s. Rashed [2].

al-Umawī (Ya^cīš ibn Ibrāhīm ibn Yūsuf ibn Simāk al-Umawī)
Wirkte im 14. Jh. im westlichen islamischen Kulturbereich.
Marāsim al-intisāb fī ^cilm al-ḥisāb.

Unger, Friedrich
Die Methodik der praktischen Arithmetik in historischer Entwickelung. Leipzig 1888.
s. Bernhard.

Unterricht
Underricht der Wechsel-Handlung. Übers. vom Holl. ins Deutsche und korr. von J. P. Zubrodt. Frankfurt a.M. 1669.

al-Uqlīdisī (Abū al-Ḥasan Aḥmad b. Ibrāhīm al-Uqlīdisī)
Über sein Leben ist nichts bekannt.
Hs., geschr. in Damaskus im Jahre 952/53: Kitāb al-fuṣūl fī al-ḥisāb al-Hindī, s. Saidan [2].
1. *History of Arabic arithmetic.* Bd 2: The arithmetic of Al-Uqlīdisī. Ta'rīḫ ^cilm al ḥisāb ál ^carabī. Bd 2 (al ǧuz' al-ṯānī): Al-fuṣūl fī al-ḥisāb al-hindī li Abī ibn Aḥmad ibn Ibrāhīm al-Uqlīdisī. [Arab.] Ed. A. S. Saidan. Amman 1973.
2. *The arithmetic of al-Uqlīdisī.* Engl. Übers. [von 1] u. Anm. v. A. S. Saidan. Dordrecht/Holland, Boston/U.S.A. 1978.

Ursinus (Behr), Benjamin
* 1587 Sprottau/Schlesien; † 1633 [1634?] Frankfurt a.d. Oder. Hofmeister in Prag; Gymnasiallehrer in Linz und Berlin; ab 1630 an der Univ. Frankfurt a.d.O.
1. *Cursus mathematici practici volumen primum continens . . . J. Neperi . . . trigonometriam logarithmicam usibus discentium accomodatam.* Köln a.d. Spree 1618.
2a. *Trigonometria cum magno logarithmorum canone.* Köln a.d. Spree 1625.
2b. *Magnus canon triangulorum logarithmicus.* Köln a.d. Spree 1624. [Sondertitel in 2a].

Ursus, Nikolaus Raimarus
† 1600; stammte aus Henstedt/Ditmarschen; Astronom u. Mathematiker; lehrte in Straßburg u. als Kaiserl. Mathematiker u. Professor in Prag, das er aber dann, von Tycho Brahe des Plagiats beschuldigt, verlassen mußte.

Uttarādhyāyana-sūtra
Indisches philosophisches Werk, Jaina-Lehrbuch.
1. Jh. n. Chr. (vgl. BSS [158]).

Vajman, A. A.
1. *Šumero-Vavilonskaja matematika.* [Sumerisch-babylonische Mathematik. Russ.] Moskau 1961.
2. *Protešumerskie sistemy mer i sčeta.* [Vorsumerische Maß- u. Zahlsysteme. Russ.] Beiträge zum 13. Intern. Kongreß für Gesch. der Wissenschaft Moskau, 18.–24. Aug. 1971, Sekt. 3/4. Moskau 1974, 6–11.

Valentiner, Herman
s. Wessel [2].

Vandermonde, Alexandre Théophile
* 1735 Paris; † 1796 Paris. Direktor des Conservatoire des Arts et Métiers in Paris; Mitgl. der Académie des Sciences.
1. *Mémoire sur la résolution des équations.* Histoire Acad. Sc. Paris. (1771) 1774, 365–416.
2. *Mémoire sur l'élimination.* Histoire Acad. Sc. Paris (1772), T. 2. 1776, 516–532.

Van der Waerden, Bartel L.
s. Waerden.

Vanhée, Louis (Hee, L. von)
1. *Les cent volailles ou l'analyse indéterminée en Chine.* T'oung Pao. 14 (1913) 203–210, 435–450.
2. *Li-Yé, mathématicien chinois du XIIIe siècle.* T'oung Pao. 14 (1913) 537–568.
3. *The great treasure house of Chinese and European mathematics.* Amer. math. mon. 33 (1926) 502–506. [Gekürzte engl. Übers. aus: Archivio di storia della scienza 7 (1926) 18–24; dort in franz. Spr.]
4. *Le classique de l'Île Maritime, ouvrage chinois du 3e siècle.* Quellen u. Studien Gesch. Math. Abt. B. 2 (1933) 255–280.

Varāhamihira (Varāha Mihira)
Wirkte um 505 n. Chr. in der Nähe von Ujjain; indischer Astronom und Dichter.
The Panchasiddhāntikā. The astronomical work of Varāha Mihira. Mit. Komm. in

Sanskrit u. engl. Übers., ed. G. Thibaut u. M. S. Dvivedi. Benares 1889. Nachdr. Lahore 1930.
s. Neugebauer/Pingree.

Varro, Marcus Terentius
* 116 v. Chr.; † 27 v. Chr.; stammte aus Reate/Sabinerland; einer der bedeutendsten römischen Gelehrten; wollte die Kulturgeschichte des römischen Volkes mit Hilfe der Methode griech. Forschung schreiben. Von seinen zahlreichen Werken ist nur seine Schrift über die Landwirtschaft „Res rusticae" vollständig erhalten.

Vega, Georg von
* 1756 Sagorizta; † 1802 Nussdorf. Österreichischer Offizier.
Vorlesungen über die Mathematik. Bd 1, die Rechenkunst und Algebra enthaltend. Wien 1821.

Ver Eecke, Paul
s. Pappos von Alexandria [2].

Veselovskij, I. N.
Vavilonskaja matematika. [Babylonische Mathematik. Russ.] Trudy Inst. Ist. Estestvozn. Techn. 5. Ist.fiz.-mat. nauk. Moskau 1955, 241–303.
s. Diophant [4].

Vettius Valens
Aus Antiocheia; verfaßte im 2. Jh. n. Chr. eine griechische Astrologie.

Victorius von Aquitanien
Wirkte um 457 n. Chr.; Astronom und Mathematiker.
Victorii calculus ex codice Vaticano. Ed. G. Friedlein. Bolletino bibliogr. storia scienze mat. fis. 4 (1871) 443–463.

Viète, François
* 1540 Fontenay-le-Comte; † 1603 Paris. Französischer Jurist; Berater u.a. Koenig Heinrichs IV.; Privatlehrer f. Mathematik.
1. *Opera mathematica.* Ed. Fr. v. Schooten. Leiden 1646. Nachdr. Hildesheim 1970.
2. *Canon mathematicus seu ad triangula.* Paris 1579.
3. *In artem analyticem Isagoge.* Tours 1591. (In [1; 1–12].)
4. *Zeteticorum libri quinque.* Tours 1593. (In [1; 42–81]).
5. *Ad logisticen speciosam; notae priores.* Ed. J. de Beaugrand. (Paris 1631.) In [1; 13–41].
6. *De aequationum recognitione et emendatione tractatus duo.* Ed. A. Anderson. (Paris 1615). In [1; 82–161].
7. *De numerosa potestatum purarum, atque adfectarum Ad Exegesin resolutione tractatus.* (Paris 1600.) In [1; 162–228].
8. *Effectionum geometricarum Canonica recensio.* (Tours zwischen 1591 u. 1593.) In [1; 229–239].
9. *Supplementum Geometriae.* (Tours 1593.) In [1; 240–257].
10. *Ad angulares sectiones theoremata καθολικώτερα demonstrata per Alexandrum Andersonum.* (Paris 1615.) In [1; 286–404].
11. *Ad problema, quod omnibus mathematicis totius orbis construendam proposuit Adrianus Romanus responsum.* (Paris 1595.) In [1; 305–327].
12. *Einführung in die neue Algebra.* Übers. u. erl. von K. Reich u. H. Gericke. München 1973. (= Historia scientiarum elementa. 5.)
s. Hume [2]; Rashed [2].

Vitruvius Pollio, Marcus
Lebte um Christi Geburt. Baumeister; unter Kaiser Augustus Aufseher über die Kriegsmaschinen, dann über die öffentlichen Gebäude in Rom.
Vitruvius on architecture. Engl. Übers. aus d. Lat. von Fr. Granger. Bd 1.2. Cambridge/Mass., London 1955–1956.

Vlacq, Adriaan
* 1600 Gouda; † Ende 1666 oder Anfang 1667 s'Gravenhage. Buchhändler in Gouda.
Trigonometria artificialis: sive magnus canon triangulorum logarithmicus. Ab radium 10 000,00000 et ad dena scrupula secunda, ab Adriano Vlacco . . . constructus. Cui accedunt Henrici Briggii . . . chiliades logarithmorum. Gouda 1633.
s. Briggs [3].

VM
Vorgriechische Mathematik.
s. Vogel [12].

Voellmy, Erwin
Jost Bürgi und die Logarithmen. Basel 1948. (= Elemente der Mathematik. Beih. 5.)

Vogel, Kurt
1. *Die Grundlagen der ägyptischen Arithmetik in ihrem Zusammenhang mit der 2:n Tabelle des Papyrus Rhind* (Diss. München.) München 1929. Nachdr. Wiesbaden 1970.
2. *Erweitert die Lederrolle unsere Kenntnis ägyptischer Mathematik?* Arch. Gesch. Math. Naturw. Techn. 11 (1929) 386–407.
3. *Die Algebra der Ägypter des mittleren Reiches.* Archeion. 12 (1930) 126–162.
4. *Eine neue Quelle ältester griechischer Algebra.* Z. math. u. nat. Unterricht. 62 (1931) 266–271.
5. *Zur Berechnung der quadratischen Gleichungen bei den Babyloniern.* Unterrichtsblätter f. Math. u. Nat. wiss. 39 (1933) 76–81.
6. *Babylonische Mathematik.* Bayer. Blätter f. d. Gymnasialschulw. 71 (1935) 16–29.
7. *Beiträge zur griechischen Logistik.* Sitzungsber. Bayer. Ak. Wiss. München, Math.-nat. wiss. Abt. Jg. 1936, 357–472.

8. *Bemerkungen zu den quadratischen Gleichungen der babylonischen Mathematik*. Osiris. 1 (1936) 703–717.
9. *Zur Geschichte der linearen Gleichungen mit mehreren Unbekannten*. Deutsche Math. 5 (1940) 217–240.
10. *Das älteste deutsche gedruckte Rechenbuch, Bamberg 1482*, in: Gymnasium u. Wissenschaft. Festschr. d. Maximiliansgymnasiums. München 1950, 231–277.
11. *Die Practica des Algorismus Ratisbonensis*. [Enthält nur Teil 3.] München 1954.
12. *Vorgriechische Mathematik [VM]. Bd 1.2.* Hannover u. Paderborn 1958–1959. (= Mathematische Studienhefte. 1.2.) 1. Vorgeschichte u. Ägypten. 2. Die Mathematik der Babylonier.
13. *Buchstabenrechnung und indische Ziffern in Byzanz*, in: Akten d. 11. Int. Byzantinistenkongresses 1958. München 1960, 660–664.
14. *Adam Ries(e) und sein Werk. Gedenkrede anl. der Adam-Riese-Feier in Staffelstein am 9. Mai 1959*. Staffelstein 1959.
15. *Der Trienter Algorismus von 1475*. Nova Acta Leopoldina. N. F. 27, Nr. 167 (1963), 183–200.
16. *Ein byzantinisches Rechenbuch [BR] des frühen 14. Jhs.* Text, Übers. u. Komm. Wien 1968. (= Wiener byzantinistische Studien. 6.)
17. *Der Donauraum, die Wiege mathematischer Studien in Deutschland*. München 1973. (= Neue Münchner Beiträge zur Geschichte der Medizin u. Naturwissenschaften. Naturwissenschaftshist. Reihe. 3.)
18. *Francesco Balducci Pegolotti als Mathematiker (ca. 1290–1347)*. Deutsches Museum. – Abhandlungen u. Berichte. 41 (1973), H. 1, 8–18.
19. *K predystorii logaritmov*. [Russ.] Voprosy istor. estestvozn. techn. 1974, H. 2/3 ‹47/48›, 124–128. Dt.: Bemerkungen zur Vorgeschichte des Logarithmus, in: [26; 54–66].
20. *Ein arithmetisches Problem aus dem Mittleren Reich in einem demotischen Papyrus*. Enchoria. 4 (1974) 67–70.
21. *Besprechung von Parker, R. A.: Demotic mathematical papyri. London 1972*. Sudhoffs Archiv. 59 (1975) 94–96.
22. *Wittich, Paul*, in: DSB [14. 1976, 470–471].
23. *Srednevekovye kupečeskie rukovodstva po praktičeskoj arifmetike*. [Mittelalterliche kaufmännische Leitfäden zur praktischen Arithmetik. Russ.] Istoriko-matematičeskie issledovanija. 23 (1978) 235–249. Dt.: Überholte arithmetische kaufmännische Praktiken aus dem Mittelalter, in [26; 67–87].
24. *Ein italienisches Rechenbuch aus dem 14. Jahrhundert (Columbia X 511 A 13)*. München 1977. (= Veröffentlichungen des Forschungsinstituts des Deutschen Museums. C 33.)
25. *Das Bamberger Blockbuch. Ein xylographisches Rechenbuch aus dem 15. Jahrhundert*. München [1978 in Druck].
26. *Beiträge zur Geschichte der Arithmetik*. Zum 90. Geb. d. Verf., mit Lebensbeschreibung u. Schriftenverz., hrsg. vom Forschungsinstitut des Deutschen Museums f. d. Gesch. d. Naturw. u. d. Technik. München 1978.
s. Chiu Chang Suan Shu [3]; Gerstinger/Vogel; Hunger/Vogel; al-Ḫwārizmī [2]; Stevin [4].

Voigt, Johann Heinrich
* 1751 Gotha; † 1823 Jena. Prof. der Mathematik u. Physik an der Univ. Jena und Korrespondent der Kgl. Gesellschaft der Wissenschaften zu Göttingen.
Grundlehren der reinen Mathematik. Jena 1791.

Volodarskij, A. I.
Očerki istorii srednevekovij indijskoj matematiki. [Studien zur Geschichte der mittelalterlichen indischen Mathematik. Russ.] Moskau 1977.
s. Śridhara [3].

Volusius Maecianus, Lucius
Wirkte im 2. Jh. n. Chr. Römischer Jurist; Lehrer von Kaiser Marc Aurel.
Assis distributio, in: Hultsch [1; 2, 61–71].

Vonessen, Franz
s. Leibniz [5].

Waerden, Bartel Leendert van der
1. *Zenon und die Grundlagenkrise der griechischen Mathematik*. Math. Annalen. 117 (1940/41) 141–161.
2. *Erwachende Wissenschaft*. [Bd 1]. (Basel und Stuttgart 1956.) 2. erg. Aufl. Basel 1966.
3. *Pythagoreische Wissenschaft*, in: Pauly/Wissowa, Abschn. Pythagoreer, 1 D [**24** = Halbbd 47. 1963, Sp. 277–300].
4. *Anfänge der Astronomie*. Groningen 1966. = Erwachende Wissenschaft. Bd 2.

Wäschke, Hermann
s. Maximos Planudes [2].

Wagner, Rudolf
Gespräche mit Carl Friedrich Gauß in den letzten Monaten seines Lebens. Ed. H. Rubner. Göttingen 1975. (= Nachrichten Ak. Wiss. Gött. I. Phil.-hist. Kl. 1975, 6.)

Waiğan ibn Rustam al-Kūhī (Abū Sahl Waiğan ibn Rustam al-Kūhī)
Wirkte um 988 in Bagdad; Mathematiker und Astronom.
Die Konstruktion des regelmäßigen Siebenecks. Nach Abu Sahl al-Qûhi Waiğan ibn Rustam. Ed. Y. Samplonius. Janus. 50 (1961/63) 227–249.

Walid I
Aus der Dynastie der Omajjaden; 705–715 Kalif in Damaskus; unter seiner Regierung wurde 711 Spanien erobert.

Wallies, Max
s. Alexander von Aphrodisias.

Wallis, John
* 1616 Ashford/Kent; † 1703 Oxford. Prediger in London, dann Prof. der Geometrie an der Univ. Oxford; Gründungsmitglied der Royal Society.
1. *Opera mathematica.* Bd 1–3. Oxford 1693–1699. Nachdr. Hildesheim, New York 1972.
2. *Arithmetica infinitorum.* (Oxford 1655.) In [1; **1.** 1695, 355–478].
3. *Mathesis universalis.* (Oxford 1657.) In [1; **1**, 17–228].
4. *Treatise of algebra, both historical and practical.* (Oxford 1685.) Lat.: *De algebra tractatus,* in [1; **2.** 1693, 1–529].
s. Newton [3].

Walther von der Vogelweide
* um 1170; † um 1230 wahrsch. Würzburg. Mittelhochdeutscher Lyriker.
Die Gedichte Walthers von der Vogelweide. Urtext mit Prosaübers. von Hans Böhm. 3. Aufl. Berlin 1964.

Wang, L./Needham, J.
Horner's method in Chinese mathematics: its origins in the root-extraction procedures of the Han Dynasty. T'oung Pao. 43 (1955) 345–401.

Wang Hsiao-T'ung
Wirkte im 7. Jh. (ca. 625); chinesischer Mathematiker der T'ang-Zeit.

Wappler, Hermann Emil
1. *Zur Geschichte der deutschen Algebra im 15. Jahrhundert.* Zwickau 1887. Progr. Gymn. Zwickau 1886/87.
2. *Zur Geschichte der deutschen Algebra.* Abh. Gesch. Math. 9 (1899) 537–554.
s. Wolack.

Waring, Edward
* 1734 bei Shrewsbury; † 1798 Plealy bei Shrewsbury. Mediziner; Prof. der Mathematik in Cambridge; Mitgl. der Royal Society und des Board of Longitude.
1. *Miscellanea analytica.* Cambridge 1762.
2. *Meditationes algebraicae.* Oxford 1770.

Warner, W.
s. Harriot.

Warren, John
* 1796 Bangor; † 1852 Bangor. Kanzler der Diözese Bangor und Pfarrherr (Rektor) von Graveley/Cambridgeshire u. Caldecott/Huntingdonshire; Mitgl. der Royal Society.
A treatise on the geometrical representation of the square roots of negative quantities. Cambridge 1828.

Waschow, Heinz
1. *Angewandte Mathematik im alten Babylonien.* Archiv für Orientforschung. 8 (1932) 127–131.
2. *Reihen in der babylonischen Mathematik.* Quellen u. Studien Gesch. Math. Astr. Phys. Abt. B. 2 (1932) 298–304.

Wassén, Henry
The ancient Peruvian abacus, in: Comparative ethnographical studies, ed. E. Nordenskiöld. 9 (1931) 189–205.

Waters, E. G. R.
A thirteenth century algorism in French verse. Isis. 11 (1928) 45–84.

Weber, Heinrich
* 1842 Heidelberg; † 1913 Straßburg. Prof. der Mathematik an den Universitäten Königsberg, Marburg, Göttingen und Straßburg.
Lehrbuch der Algebra. Bd 1.2. Braunschweig 1895–1896.
s. Dedekind [4]; Euler [5].

Weber, Heinrich / Wellstein, Josef
Encyclopädie der Elementarmathematik. Bd 1: Elementare Algebra und Analysis. Leipzig 1903.

Weidler, Johann Friedrich
* 1691 [1692?] Neuhausen/Thür.; † 1755 Wittenberg. Mathematiker, Astronom u. Physiker; Prof. der Astronomie in Wittenberg.
Institutiones matheseos selectis observationibus illustratae. 6. Aufl. Ed. J. J. Ebert. Leipzig 1784. ([1. Aufl. u.d.T.:] Institutiones mathematicae . . . mixtaeque matheseos disciplinas comlexae. Wittenberg 1718).

Weierstrass, Karl (Theodor Wilhelm)
* 1815 Ostenfelde/Westf.; † 1897 Berlin. Mathematiker; Gymnasiallehrer in Deutsch-Krone und Braunsberg/Ostpr.; später Prof. der Mathematik an der Univ. Berlin; Mitgl. der Berliner Akademie der Wiss.
1. *Mathematische Werke.* Bd 1–7. Berlin 1894–1927. Nachdr. Hildesheim, New York [o.J.].
2. *Zur Theorie der Potenzreihen.* Münster 1841. In [1; **1.** 1894, 67–74].
3. *Zur Theorie der aus n Haupteinheiten gebildeten complexen Größen.* Nachrichten Ges. Wiss. Göttingen 1884, 395–414. In [1; **2.** 1895, 311–332].
s. Dugac; Jacobi [1].

Weigel, Erhard
Tetractys; Summum tum Arithmeticae tum Philosophiae discursivae compendium, artis magnae sciendi genuina Radix. Jena 1673. [Zit. nach Zacher [384, Nr. 66].]
Weißenborn, Hermann
1. *Die Entwicklung des Ziffernrechnens.* Programm Realgymn. Eisenach 1877.
2. *Zur Geschichte der Einführung der jetzigen Ziffern in Europa durch Gerbert.* Berlin 1892.
Wellstein, Josef
s. Weber/Wellstein.
Werner, Johannes W.
* 1468 Nürnberg; † 1528 Nürnberg. Astronom u. Mathematiker; nach längerem Studienaufenthalt in Italien Pfarrer in Nürnberg.
De triangulis sphoericis libri quatuor. (Krakau 1557 [nur Titelbl. u. Vorwort gedr.].) Ed. A. A. Björnbo. Leipzig 1907. (= Abh. Gesch. math. Wiss. 24, T. 1.)
Wertheim, Gustav
s. Diophant [3]; Elia Misrachi.
Wessel, Caspar
* 1745 Vestby bei Oslo; † 1818 Kopenhagen. Dänischer Feldmesser und Kartograph; Mitgl. der Königl. Dänischen Gesellsch. der Wissenschaften.
1. *Om directionens analytiske betegning.* Kopenhagen 1799 (vorgel. 1797). (= Nye samling af det K. Danske Videnskabernes Selskabs skrifter. T. 5, 3.)
2. *Essai sur la représentation analytique de la direction.* Franz. Übers. [von 1] von H. Valentiner u. T.-N. Thiele. Kopenhagen 1897.
Whiston, William
Herausgeber von Newtons „Arithmetica universalis" 1707.
Whiteside, Derek Thomas
Patterns of mathematical thought in the later seventeenth century. Arch. hist. ex. sciences. 1 (1960/62) 179–388.
s. Newton [2].
Widman (Widmann), Johannes, von Eger
* um 1460 Eger. Prof. der Mathematik in Leipzig u. Rektor der Universität.
Behend vnd hüpsch Rechnung vff allen Kauffmanschafften. (Leipzig 1489.) Pforzheim 1508.
s. Kaunzner [1].
Wieber, Reinhard
Das Schachspiel in der arabischen Literatur von den Anfängen bis zur zweiten Hälfte des 16. Jahrhunderts. Walldorf-Hessen 1972. (= Beiträge zur Sprach- u. Kulturgeschichte des Orients. 22.)
Wiedemann, Eilhard
1. *Aufsätze zur arabischen Wissenschaftsgeschichte.* Bd 1.2. Hildesheim, New York 1970.
2. *Notiz über ein von Ibn al-Haiṯam gelöstes arithmetisches Problem,* in [1; 2, 756].
3. *Über das Schachspiel und dabei vorkommende Zahlenprobleme.* (Sitzungsberichte der Phys.-Med. Societät zu Erlangen. 40 (1908) 41–64). In [1; 1, 440–463].
4. *Über eine besondere Art des Gesellschaftsrechnens nach Ibn al-Haiṯam.* (= Beiträge zur Gesch. der Naturwiss. 68.) (Sitzungsberichte der Phys.-Med. Societät zu Erlangen. 58 (1926) 191–196.) In [1; 2, 616–621].
Wieleitner, Heinrich
1. *Besprechung von J. Tropfke, Geschichte der Elementarmathematik in system. Darstellung. 2. Aufl.* Isis. 5 (1923) 182–186.
2. *Zur Geschichte der gebrochenen Exponenten.* Isis. 6 (1924) 509–520.
3. *Zur ägyptischen Mathematik.* Z. math. u. nat. Unterricht. 56 (1925) 129–137.
4. *Rechnen und Algebra.* Berlin 1927. = Math. Quellenbücher. Bd 1. (= Math.-nat.-techn. Bücherei. 3.)
5. *Besprechungen.* Mitt. Gesch. Med. Naturw. 28 (1929) 147–149.
Wildermuth, Johann David
s. Huswirt.
Wing (Wingius), Vincent
* 1619 Luffingham/Rutlandshire; † 1668 [Ort?]. Mathematiker in London.
1. *Harmonicon coeleste or the coelestiall harmony of the visible world.* London 1651.
2. *Astronomia Britannica.* 1. Logistica astronomica. 2. Trigonometria. 3. Doctrina sphaerica. 4. Theoria planetarum. 5. Tabulae novae astronomicae. London 1669.
Winter, H. J. J.
s. al-Ḫayyām [2].
Winter, John Garret
s. Papyrus Michigan.
Witmer, T. Richard
s. Cardano [4].
Witt, Jan de
* 1625 Dordrecht; † 1672 Den Haag. Niederländischer Mathematiker und Staatsmann.
Wittich, Paul
* 1555 [?] Breslau; † 1587 Breslau. Arbeitete 1580 kurze Zeit bei Tycho Brahe auf der Insel Hven.
Woepcke, Franz
1. *Extrait du Fakhri* [des al-Karağī]. Paris 1853.
2. *Recherches sur l'histoire des sciences mathématiques chez les orienteaux, d'après des traités inédits arabes et persans.* J. asiatique (5) 4 (1854) 348–384.
3. *Sur une donnée historique relative à l'emploi des chiffres indiens par les Arabes.*

Annali di scienze math. et fis. 6 (1855) 321–323.
4. *Sur l'introduction de l'arithmétique indienne en Occident.* Rom 1859.
5. *Mémoire sur la propagation des chiffres indiens.* J. asiatique (6) 1 (1863) 27–79, 234–290 u. 442–529.
6. *Muqadama fī'l-ḥisāb al-ġubārī wa'l-hawā'ī. Introduction au calcul gobari et Hawai.* [Franz.] Ed. F. Woepcke. Atti dell'Accad. Pont. de' Nuovi Lincei. 19 (1865/66) 365–383.
s. al-Ḫayyām [1]; al-Qalaṣādī.

Wolack, Gottfried
Wirkte in der 2. Hälfte d. 15. Jhs.; * wahrsch. in Bercka. Rektor der Univ. Erfurt.
Zur Geschichte der Mathematik im 15. Jahrhundert. Vorlesung 1467–1468 in Erfurt gehalten von G. Wolack. Ed. E. Wappler. Z. Math. Phys. 45 (1900) hist.-lit. Abt., 47–56.

Wolf, Rudolf
1. *Jost Bürgi,* in: Astronomische Mitteilungen der Eidgen. Sternwarte Zürich. 1872–1876 (Nr. 31–40), 7–28.
2. *Geschichte der Astronomie.* München 1877.
3. *Handbuch der Astronomie.* Bd 1. Zürich 1890.

Wolff, Christian von
* 1679 Breslau; † 1754 Halle. Philosoph u. Mathematiker; Prof. der Mathematik an den Universitäten Halle u. Marburg.
1. *Der Anfangsgründe aller mathematischen Wissenschaften. Erster Theil.* (Halle 1710.) Neue Aufl. Frankfurt u. Leipzig 1750.
2. *Elementa matheseos universae.* T. 1. (Halle 1713.) 2. Aufl. Halle, Magdeburg 1730.
3. *Mathematisches Lexicon.* Leipzig 1716.
4. *Auszug aus den Anfangsgründen der mathematischen Wissenschaften.* 3. Aufl. Marburg 1728.

Wolff, Georg
s. Reidt/Wolff.

Wright, Edward
* 1558 Graveston; † 1615 London. Mathematiker; Seekartenzeichner; nahm 1589 an einer Forschungsreise zu den Azoren teil; übersetzte Napiers „Description" [1] ins Englische [2].

Wright, George Gilson Neill
The writing of Arabic numerals. London 1952.

Wright, R. Ramsay
s. al-Bīrūnī [5].

Wussing, Hans
Die Genesis des abstrakten Gruppenbegriffs. Berlin 1969.

Xenophon
* um 430 Attika; † 354 Korinth [?]. Griech. Schriftsteller; Schüler von Sokrates.
1. *Xenophon.* Bd 7: Scripta minora. Ed. E. C. Marchant, G. W. Bowersock. Cambridge/Mass. 1925. Nachdr. London, Cambridge/Mass. 1971.
2. *Anábasis.* Ed. W. Müri. München 1954.

Xylander
s. Holtzmann.

Yajvan, Suryadeva
s. Aryabhata [4; 3].

Yang Hui (Ch'ien Kuang)
* in Ch'ien-t'ang; wirkte 1261–1275; verfaßte einen Kommentar zum „Chiu-chang suan-shu" (s. Lam Lay Yong [1]): „Hsiang-chieh chiu chang suan fa" (eine ausführliche Untersuchung der mathematischen Methoden in den „neun Büchern").

Yeldham, Florence A.
The story of reckoning in the Middle Ages. London, Calcutta, Sydney 1926.

Ympyn, Jan Christoffels
Nieuwe Instructie Ende bewijs der looffelijcker Consten des Rekenboeckse. Antwerpen 1543. [Zit. nach Kheil [4]. Franz. Übers.: Antwerpen 1543, s. Kheil [5]. Engl. Übers.: London 1547, s. Kheil [65 f.].

Yule, Henry
s. Polo.

Zacher, Hans J.
Die Hauptschriften zur Dyadik von G. W. Leibniz. Frankfurt a.M. 1973. (= Veröffentlichungen des Leibniz-Archivs. 5.)

Zamberti, Bartolomeo
s. Euklid [3].

Zaslavsky, Claudia
Africa counts: Number and pattern in African culture. Boston 1973.

Zermelo, Ernst
s. Cantor, G.

Zeuthen, Hieronymus Georg
Geschichte der Mathematik im Altertum und Mittelalter. Kopenhagen 1896.
s. Archimedes [2]; Tannery [1].

Zimmermann, Monika
1. *‚Algorismus Ratisbonensis',* in: Die Deutsche Literatur des Mittelalters, Verfasserlexikon, 2. Aufl., Bd. 1, Lfg. 1 (1977) 237–239.
2. *Der Algorismus Ratisbonensis und seine Bearbeitungen.* Krit. Ausgabe des gesamten AR aufgrund aller Hss. [in Vorbereitung].

Zimmern, Heinrich
Das Princip unserer Zeit- und Raumteilung. Berichte über die Verhandlungen der Königl. Sächs. Ges. d. Wiss. zu Leipzig, Phil.-hist. Kl. 53 (1901) 47–61.

Zinner, Ernst
Geschichte der Sternkunde. Berlin 1931.

Zubrodt, Johann Peter
s. Underricht [Unterricht] der Wechsel-Handlung.

Zupko, Ronald Edward
A dictionary of medieval English weights and measures. Diss. Univ. of Wisconsin, Madison 1966.

FSC
www.fsc.org
MIX
Papier | Fördert gute Waldnutzung
FSC® C083411

Zeitfracht Medien GmbH
Ferdinand-Jühlke-Straße 7
99095 Erfurt, Deutschland
produktsicherheit@kolibri360.de